战略性新兴领域"十四五"高等教育系列教材

智能产品

主　编　付明磊
副主编　赵国平　张　强
参　编　王　鑫　王少俊　赵文博　金伟伟　何深朗
　　　　高　阳　周　飞　李圣洲　张怀政　谢水镔
主　审　彭晋民

机械工业出版社

本书介绍了智能产品的概念与范畴、特点，智能产品的分类和应用场景，智能业务技术架构等理论基础知识，还介绍了与智能产品开发相关的开发工具、进程间数据共享、线程的本质与管理、数据存储与检索、高并发系统设计、网络通信与多数据处理等技术知识，最后介绍智能产品的开发和测试并以智慧园区一体化解决方案为例，介绍了智能产品的实践案例。

本书将理论知识与实际应用紧密结合，在每个章节均提供来自实际智能产品开发和部署的工程案例。

本书既可以作为智能制造专业、智能科学与技术专业等高等院校本科教材，也可以作为电子信息、计算机技术、控制工程等专业研究生教材，还可以作为对智能产品感兴趣的技术人员的参考书。

图书在版编目（CIP）数据

智能产品 / 付明磊主编. -- 北京 : 机械工业出版社, 2024. 12. -- (战略性新兴领域"十四五"高等教育系列教材). -- ISBN 978-7-111-76558-5

I. TB472

中国国家版本馆 CIP 数据核字第 2024GD0113 号

机械工业出版社（北京市百万庄大街22号　邮政编码100037）

策划编辑：余　皞　　　　　　责任编辑：余　皞　王　芳
责任校对：梁　园　陈　越　　　封面设计：严娅萍
责任印制：任维东

北京中兴印刷有限公司印刷

2024年12月第1版第1次印刷
184mm×260mm・11.75印张・240千字
标准书号：ISBN 978-7-111-76558-5
定价：39.80元

电话服务　　　　　　　　　　网络服务

客服电话：010-88361066　　　机　工　官　网：www.cmpbook.com
　　　　　010-88379833　　　机　工　官　博：weibo.com/cmp1952
　　　　　010-68326294　　　金　书　网：www.golden-book.com
封底无防伪标均为盗版　　　　机工教育服务网：www.cmpedu.com

前言

- **为何写作这本书**

　　智能产品是指集成了智能化技术的产品，这类产品能够利用各类传感器感知环境和采集数据，进行数据分析和决策，并能够根据情景做出相应的反应。除了传感器，智能产品还具备数据处理单元、网络连接单元和动作执行单元，以实现自主运作或者与其他设备交互。

　　智能产品的应用领域非常广泛。从智能家居设备、智能手机、智能穿戴设备到智能机器人、智能汽车，乃至智能工厂、智慧园区等都属于智能产品的范畴。近年来，随着人工智能、物联网和大数据等技术的迅速发展，智能产品在世界范围内的需求不断增长。消费者对智能化、便捷化、个性化产品的需求日益增加，这推动了智能产品市场的快速发展。强大的市场驱动着智能产品领域的科技创新，这对于提高人类社会的生产率、改善人们的生活方式等产生了深远的影响。

　　在我国，以智能手机、智能安防、智能穿戴设备、智能汽车等为代表的智能产品已经成为人们生活中不可或缺的一部分。我国的智能产品市场呈现出多元化、快速更新、竞争激烈的特点。一方面，国内外智能产品企业纷纷进入我国市场，竞争压力巨大；另一方面，我国本土企业也在不断创新和发展，推动了智能产品市场的多元化和健康发展。我国政府也在积极推动智能产品产业的发展，加大对人工智能、物联网等领域的支持力度，推动技术创新和产业升级。在智能产品领域，我国拥有众多技术人才和创新团队，为智能产品的研发和应用提供了有力支持。当然，智能产品在我国也面临一些挑战，如产品标准化、用户隐私安全、产业生态建设等方面的挑战，需要企业和政府共同努力来解决。

　　与此同时，我国高校近年来普遍开设智能制造工程、智能科学与技术、人工智能、物联网工程等新工科专业，为智能产品设计和开发培养新工科人才。在此背景之下，本书希望能够为我国智能产品设计、开发和应用相关专业人才培养贡献一份微薄的力量。本书围绕智能产品开发和部署应用，更多地从实践案例角度出发，介绍智能产品开发过程，详细剖析了智能产品开发实践所需的基本知识与技术实现过程。

　　本书的编写特色如下：

特色1：本书将智能产品开发过程中的核心技术与实际应用案例紧密结合，既体现了嵌入式系统、人工智能、智能制造工程等交叉融合专业的特色，又展现了国产技术和产品的优秀性能，有利于激发学生的民族自豪感和自信心，有利于培养学生科技报国的情怀和使命担当。

特色2：本书体现了"学生中心、产出导向、持续改进"教育理念。本书能够帮助任课教师从教学目标、教学内容、教学方式和考核方式等方面推进课程思政教育，全面贯彻党的教育方针。

特色3：本书提供的综合实践案例来自智慧园区一体化解决方案，生动形象，趣味性强，有利于激发学生的学习兴趣，提升学生的满意度和认同感，体现了创新创业教育新范式。

● 如何阅读这本书

本书共10章，按照知识结构，可以划分为3大部分。读者既可以按照章节顺序逐步学习，也可以选择其中部分章节单独学习。任课教师可以根据课程学时的具体情况安排教学内容。

第1部分包括第1章和第2章，主要介绍智能产品的概念与范畴、特点，探讨智能产品的分类和应用场景、解决方案，详细解析智能产品技术架构。第1部分是智能产品理论基础知识，以具体解决方案为示例，提供解决问题的方法论，引导读者深入思考解决方案的步骤和原则。

第2部分包括第3~8章。其中，第3章主要介绍智能产品开发工具；第4章主要介绍进程间数据共享等；第5章主要介绍线程的本质与管理；第6章主要介绍数据存储与检索；第7章主要介绍高并发系统设计；第8章主要介绍网络通信与多数据处理。第2部分是开发环境基础与基础知识储备，帮助读者熟悉和掌握智能产品软硬件开发环境的配置。

第3部分包括第9章和第10章。其中，第9章主要介绍智能产品开发的基本流程，包括需求分析、设计、编码、测试、部署等阶段；探讨一些常用的开发方法和工具，如敏捷开发、版本控制系统等；还详细介绍了测试的不同类型，包括单元测试、集成测试、系统测试等。通过以上内容介绍，引导读者熟知提高开发效率的各项因素，理解测试的要求和流程，以确保产品质量。第10章主要介绍智慧园区一体化解决方案实践案例。第3部分是智能产品开发实践，帮助读者熟悉和掌握智能算法在图像处理、信息采集处理等领域的项目落地部署知识，从而使智能技术和应用实践紧密结合在一起。

● 参编人员与致谢

本书由浙江工业大学付明磊任主编，浙江宇视科技有限公司赵国平和张强任副主编，参与编写的人员还有来自浙江宇视科技有限公司的王鑫、王少俊、赵文博、金伟伟等技术骨干人员，以及来自浙江工业大学的何深朗、高阳、周飞、李圣洲、张怀政、谢水镔等同学。

本书得到了战略性新兴领域教材智能制造虚拟教研室和机械工业出版社的大力支

持，特别感谢福州大学陈丙三老师和机械工业出版社余皞在本书编写过程中给予的关注和指导。

感谢浙江工业大学研究生院、浙江工业大学控制科学与工程学科、"智能感知与系统"教育部工程研究中心、浙江宇视科技有限公司等单位给予的帮助，特别感谢浙江宇视科技有限公司黄登峰、金琦峰、周怡促成的合作机会。

由于编者知识水平和工作视野有限，书中难免存在错误和不足之处，恳请读者批评指正。

编　者

于浙江省杭州市

教学大纲

核心知识讲解

目 录

前言

第1章 智能产品概述 1

1.1 智能产品的概念与范畴、特点 1
1.2 智能产品的分类和应用场景 4
1.3 智能产品的解决方案 10
1.4 课后思考题 14

第2章 智能业务技术架构 15

2.1 智能业务的构成模型和技术要求 15
2.2 智能业务技术架构的组件和功能 19
2.3 智能业务技术架构的设计和实现 23
2.4 课后思考题 28

第3章 智能产品开发工具 29

3.1 开发工具的选择和安装 29
3.2 编译环境的配置和使用 34
3.3 开发工具和编译环境的调试和优化 38
3.4 课后思考题 44

第4章 智能产品中进程间数据共享 46

4.1 进程间通信 46
4.2 数据共享的实现和调试 51
4.3 智能产品中进程间数据共享的应用案例 57

4.4 课后思考题 66

第5章 智能产品中线程的本质与管理 67

5.1 线程与进程的概念、联系与区别 67
5.2 线程的创建和销毁 70
5.3 线程的同步和互斥机制、调度和性能优化 72
5.4 智能产品中多线程的应用案例 75
5.5 课后思考题 87

第6章 智能产品中的数据存储与检索 88

6.1 大数据存储类型和数据库优缺点对比 88
6.2 数据库的基本要素、数据模型和事务管理 95
6.3 数据存储与检索的应用案例 100
6.4 课后思考题 103

第7章 智能产品中的高并发系统设计 104

7.1 高并发系统的概念、特点、设计目标和挑战 104
7.2 高并发系统的设计原则、设计方法与策略 108
7.3 智能产品中高并发系统的应用案例 116
7.4 课后思考题 119

第8章 智能产品中的网络通信与多数据处理 120

8.1 网络通信的基本概念和常见网络协议 120
8.2 多数据处理 125
8.3 智能产品中网络通信和多数据处理的应用案例 131
8.4 课后思考题 134

第9章 智能产品的开发和测试 135

9.1 智能产品开发流程、方法和工具 135
9.2 智能产品的测试类型、测试要求和流程 141
9.3 智能产品开发与测试的应用案例 147
9.4 课后思考题 154

第10章　智能产品的实践案例 155

  10.1　智慧园区概述 155

  10.2　智慧园区的核心特点 156

  10.3　智慧园区一体化解决方案简介 158

  10.4　智慧园区一体化解决方案的应用场景 159

  10.5　智慧园区一体化解决方案的应用案例 161

  10.6　课后思考题 173

参考文献 174

知识图谱

第 1 章

智能产品概述

课件PPT

概述课

1.1 智能产品的概念与范畴、特点

1.1.1 智能产品的概念与范畴

智能产品是结合了先进的信息技术，特别是人工智能、物联网、大数据分析等技术，以实现高度自动化、个性化和互联互通功能的产品。它们能够通过传感器收集数据，进行数据分析，做出决策，并与用户或其他设备交互。智能产品的范畴非常广泛，涵盖了从消费电子到工业自动化的多个领域。智能产品的概念与范畴如图 1-1 所示。

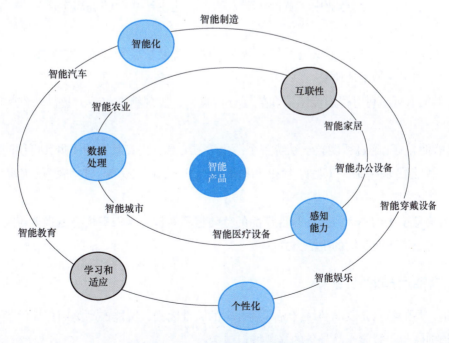

图 1-1 智能产品的概念与范畴

智能产品的核心概念包括：

1）智能化：产品能够通过内置的智能系统进行自主决策和执行任务。

2）互联性：产品能够连接到互联网或其他网络，实现数据交换和远程控制。

3）感知能力：产品通过传感器感知环境和用户行为，收集相关信息。

4）数据处理：产品能够对收集的数据进行分析和处理，以提供更好的服务。

5）学习和适应：产品能够通过机器学习算法不断学习和适应用户的行为和偏好。

6）个性化：产品能够根据用户的行为和偏好提供个性化服务和体验。

智能产品的范畴包括（但不限于）以下领域：

1）智能家居：包括智能音箱、智能灯泡、智能门锁、智能恒温器等。用户能够通过语音命令或手机应用控制它们，从而实现家庭自动化。

2）智能穿戴设备：如智能手表、健康追踪器等。它们能够监测用户的行为和健康状况，如步数、心率、睡眠质量等，并与用户的智能手机同步。

3）智能汽车：具备自动驾驶功能、车联网服务、智能导航系统等。它们能够提供更安全、更便捷的驾驶体验。

4）智能医疗设备：如远程监控设备、智能诊断工具等。它们能够帮助医生更好地监测病人的健康状况，并提供及时的治疗建议。

5）智能办公设备：如智能会议系统、自动化办公软件等。它们能够提高工作效率，简化工作流程。

6）智能制造：在制造业中，智能机器人和自动化生产线能够提高生产效率，减少人工成本。

7）智能城市：包括智能交通系统、智能照明、智能垃圾管理等。它们能够提高城市管理的效率和居民的生活质量。

8）智能农业：利用智能传感器和数据分析技术，实现精准农业，提高农作物的产量和质量。

9）智能教育：通过智能教学系统和个性化学习工具，提高教育的质量和可访问性。

10）智能娱乐：如虚拟现实（VR）和增强现实（AR）设备。它们提供沉浸式娱乐体验。

随着信息技术的不断进步，智能产品的范畴将不断扩展，未来将有更多创新的智能产品出现，进一步改变我们的生活方式。

1.1.2　智能产品的特点

智能产品的特点是其与传统产品区别开来的关键因素，智能产品为用户提供了更加丰富和便捷的体验。智能产品具备的显著特点包括：

1）自动化：自动化是指智能产品能够独立执行预定任务而无须人工干预。例如，智能恒温器可以根据用户的习惯和室内外温度自动调节家中的温度。自动化还包括错误检测与恢复，智能产品能够在出现故障时自动诊断问题并尝试修复。

2）学习能力：学习能力是指智能产品通过机器学习算法，从用户行为和环境变化中学习，以提高其性能和适应性。例如，智能音箱可以通过用户的语音命令学习用户的偏好，逐渐提供更加个性化的音乐播放列表。

3）互联性：互联性使得智能产品能够与其他设备或互联网相连接，实现数据共享和远程控制。通过物联网技术，智能产品可以互相通信，形成一个智能生态系统，如智能家居中的各种设备可以协同工作以提高效率。

4）感知能力：感知能力是指智能产品通过内置传感器感知周围环境的能力，如温度、湿度、运动等。这些传感器收集的数据可以用于实时监控、预测分析和自动化控制。

5）个性化服务：个性化服务是指智能产品能够根据用户的特定需求和偏好提供定制化服务。例如，智能手表可以根据用户的活动水平和健康数据提供个性化健身建议。

6）远程监控和管理：智能产品允许用户通过互联网远程监控其状态和性能，并进行管理操作。这对于不在场管理设备特别有用，如远程关闭家中的智能电器或监控安全系统。

7）安全性：安全性是智能产品的关键特点，智能产品需要保护用户数据不被未授权访问。这包括使用加密技术、安全认证机制和定期的安全更新。

8）可扩展性：可扩展性意味着智能产品能够通过软件更新或硬件扩展来增加新功能或改进性能。开放的应用程序接口（API）和模块化设计是实现可扩展性的常见方法。

9）用户友好性：用户友好性强调智能产品的设计应易于用户理解和操作，提供直观的用户界面和清晰的用户指导。良好的用户体验是智能产品成功的关键。

10）可维护性和可升级性：智能产品应设计为易于维护和升级的，无论是通过软件更新还是硬件更换。这确保了产品可以适应技术进步和用户需求的变化。

11）环境适应性：环境适应性是指智能产品能够在不同环境条件下稳定运行，如耐高低温、防尘防水等。这对于在户外或特定环境下使用的智能产品尤为重要。

12）能源效率：智能产品在设计时应考虑节能，减少能源消耗。这不仅有助于环保，也能降低用户的长期运行成本。

13）多功能性：多功能性意味着智能产品通常集成了多种功能，能够满足用户的多种需求。例如，智能手机不仅是通信工具，也是照相机、导航仪、娱乐设备等。

上述特点共同构成了智能产品的核心优势，推动了智能产品在各个领域的广泛应用和发展。

1.2 智能产品的分类和应用场景

1.2.1 智能产品的分类

如今,智能产品在各个领域都有广泛的应用。以下是生活中 5 类具有代表性的智能产品。

(1)控制类智能产品

控制类智能产品包括智能开关、智能窗帘、智能窗户、智能插座、智能音箱、智能晾衣架、智能扫地机器人、家庭影院等。图 1-2 所示为一款智能音箱。

图 1-2　智能音箱

(2)安防类智能产品

安防类智能产品包括智能门锁、智能门磁、人体红外探测器、烟雾探测器、燃气探测器、SOS 紧急求救按钮、监控摄像头等。图 1-3 所示为一款智能门锁。

(3)健康管理类智能产品

健康管理类智能产品包括智能手环/手表、动态心电记录仪、智能服饰、智能血压计、毫米波雷达设备、睡眠呼吸障碍筛查设备等。图 1-4 所示为一款智能手表。

(4)养老监护类智能产品

养老监护类智能产品包括智能监测设备,如跌倒报警、防走失、紧急呼叫、室内外定位等设备;智能看护设备,如智能床垫、睡眠监测仪等;具有健康状态辨识、中医诊断治疗等功能的中医数字化智能产品，如中医四诊仪等。图 1-5 所示为一套居家养老监护产品方案。

图 1-3　智能门锁

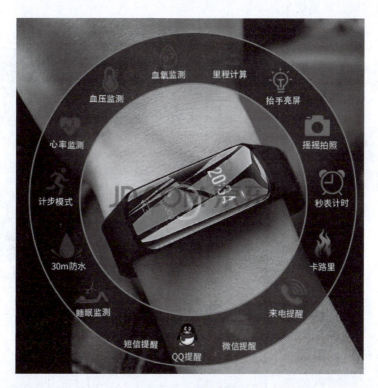

图 1-4　智能手表

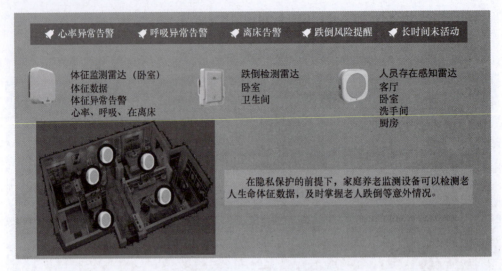

图 1-5 居家养老监护产品方案

（5）家庭服务类智能产品

家庭服务类智能产品包括残障辅助、家务助理、情感陪护、娱乐休闲、安防监控等智能服务型机器人，如机器人管家等；针对老年人进行适老化改造的智能设备，如家庭养老床位、智慧助老餐厅、智慧养老院、智慧化康复中心、智慧药房等。图 1-6 所示为一套针对独居老人的特别关怀智能小区系统产品方案。

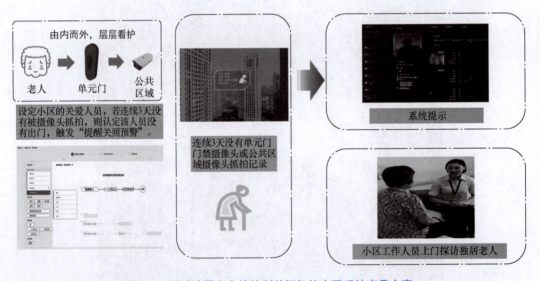

图 1-6 针对独居老人的特别关怀智能小区系统产品方案

1.2.2 智能产品应用场景分析

智能产品在不同场景中应用得非常广泛。智能产品的应用场景包括智能家居、智能医疗、智能交通、数智工厂、智能安防、智能设备等。它们通过集成先进的技术，如物联网（IoT）、人工智能（AI）、机器学习（ML）和大数据分析等，极大地提升了生活和工作的效率与质量。以下是5个智能产品的应用场景。

（1）智能家居应用场景

智能家居以住宅为平台，利用综合布线技术、网络通信技术、安全防范技术、自动控制技术、音视频技术等，将家居生活相关的设备集成起来，构建可集中管理、智能控制的住宅设施管理系统，从而提升家居的安全性、便利性、舒适性、艺术性，并实现环保节能的居住环境。智能家居中使用的智能产品包括智能电视、智能音箱、智能卫浴、智能厨房、智能照明、智能窗帘等。以智能照明为例，它根据自动监测到的光线亮度自动调节灯光的亮度，可以与智能窗帘、智能电视等联动，根据人的需要调节家居环境的氛围，实现自动化控制。智能家居的应用效果如图1-7所示。

图1-7　智能家居的应用效果

（2）智能医疗应用场景

智能医疗与无线网技术、射频识别（RFID）技术、物联网技术、移动计算技术、数据融合技术等相结合，将进一步提升医疗诊疗流程的服务效率和服务质量，提升医院综合管理水平，实现监护工作无线化。这将全面改变和解决现代化数字医疗模式、智能医疗及健康管理、医院信息系统等存在的问题和困难，并大幅度提升医疗资源高度共享水平，降低公众医疗成本。智能医疗应用场景中的智能产品包括远程医疗产品和自助医疗产品。它们有助于信息的及时采集和高度共享，可缓解资源短缺、资源分配不均的窘境。智能医疗应用场景中的智能产品还包括智能医疗器械、康复机器人、智能手术机器人、健康管理应用等。其中，康复机器人可以根据不同病人的需要定制独特的康复方案，达到更好的康复治疗效果。智能手术机器人通过高速低延迟的网络通信，使手术医生可以在异地完成外科手术。健康管理应用收集使用者的健康信息，上传到云服务器，通过计算分析反馈至医生，以便医生诊断。图1-8所示为一款智能手术机器人产品。

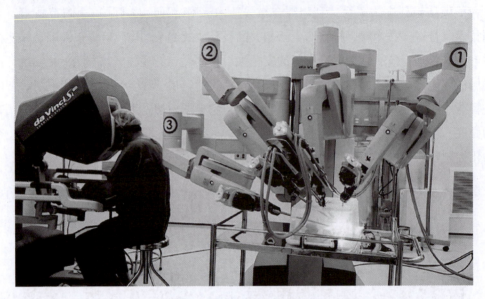

图1-8 智能手术机器人产品

（3）智能交通应用场景

智能交通系统作为一种大范围、全方位覆盖的运输和管理系统，依托于近年来物联网的迅猛发展，将先进的控制、传感、通信、信息技术与计算机技术高效结合，综合应用于整个交通管理体系。它极大地缓解了交通拥堵，有效减少了交通事故的发生，提高了交通系统的安全性，减少了环境污染。智能交通应用场景中的智能产品包括自动驾驶车辆、无人驾驶飞机、智能交通管理系统等。其中，自动驾驶车辆通过雷达、机器视觉等方法采集交通环境信息，实现自动避障，通过GPS（全球定位系统）等技术实现定位导航、制定驾驶路线、辅助使用者驾驶甚至实现无人自动驾驶，如图1-9所示。

（4）数智工厂应用场景

数智工厂，即"数字工厂"和"智慧工厂"的融合概念，强调生产过程的数字化、信息化，以及自主学习与智能决策的能力，涵盖工业互联网、物联网、云计算等新一代信息技术的应用，最终实现生产过程的高度自动化、柔性化和智能化，提高生产效率、降低资源消耗，推动制造业的转型和升级。数智工厂的核心系统主要包括产品生命周期管理（PLM）、制造执行系统（MES）、企业资源计划（ERP）和人工智能物联网（AIoT）等。上述四大核心系统将制造体系的设计研发层、运营管理层、制造执行层和设备物联层纵向集成，实现智能化的生产过程管理与控制。图1-10所示为数智工厂的应用场景。

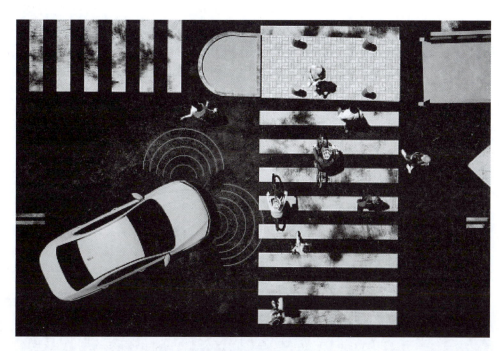

图 1-9 自动驾驶车辆产品

图 1-10 数智工厂的应用场景

(5) 智能安防应用场景

智能安防技术的主要内涵是其相关内容和服务的信息化、图像的传输和存储、数据的存储和处理等。就智能安防来说,一个完整的智能安防系统主要包括门禁、报警和监控三大部分。从产品的角度讲，智能安防系统应具备防盗报警系统、视频监控报警系统、出入口控制报警系统、保安人员巡更报警系统、GPS车辆报警管理系统和"110"报警联网传输系统等子系统。这些子系统可以单独设置、独立运行，也可以由中央控制室集中监控，还可以与其他综合系统集成和集中监控。例如智能门锁、智能摄像头、智能门铃等。智能门锁通过指纹、密码、人脸、声音等方法实现高水平的安防。智能摄像头采集人和物的多维度信息，提供高质量智能监测，并可以在多种环境中使用。图1-11所示为智能安防应用场景。

图1-11 智能安防应用场景

1.3 智能产品的解决方案

1.3.1 智能产品解决方案方法论

智能产品的设计与开发需要综合运用多种技术和方法，以确保产品的智能化、互联性、感知能力、数据处理能力、学习和适应能力以及个性化功能。在此过程中，系统化的方法论能够帮助团队更有效地开发和实施智能产品解决方案。

智能产品解决方案的方法论需要综合考虑需求分析与定义、架构设计、技术选型与实现、开发与集成、数据采集与管理、数据分析与学习、用户界面与交互设计、测试与验证、部署与运维和市场推广等各个环节。系统化的流程和方法，能够确保智能产品的高质量和用户满意度，实现产品的商业成功。

（1）需求分析与定义

通过市场调研和用户反馈，了解目标用户的需求和痛点。确定实现智能功能所需的技术，如传感器、通信协议、数据处理和机器学习算法等。评估市场潜力、商业模式和竞争对手情况，制定商业目标。

（2）架构设计

设计整体系统架构，包括硬件、软件、网络和数据架构。确保系统的可扩展性、安全性和可靠性。将系统划分为若干功能模块，如数据采集模块、数据处理模块、决策模块、通信模块等。

（3）技术选型与实现

根据需求选择合适的传感器，以实现对环境和用户行为的感知。选择适当的通信技术（如 Wi-Fi、蓝牙、ZigBee 等），确保设备之间的互联互通。选择和实现数据处理和存储技术，如云计算、大数据分析等。选择和实现合适的人工智能技术，包括机器学习、深度学习、自然语言处理等。

（4）开发与集成

进行硬件设计、原型制作和测试，确保硬件模块功能的正确实现。开发嵌入式软件、应用软件和后台系统，将硬件和软件模块集成，进行系统级测试和调试，确保整体系统的正确性和性能。

（5）数据采集与管理

通过传感器和设备实时采集数据。设计和实现高效的数据存储方案，确保数据的完整性和安全性。实现数据的分类、清洗、标注和管理，以便后续的数据分析和处理。

（6）数据分析与学习

应用统计分析、机器学习和大数据分析技术，对采集的数据进行分析，挖掘有价值的信息。使用机器学习算法训练模型，提升系统的智能化能力。不断优化和调整模型，提高预测和决策的准确性和效率。

（7）用户界面与交互设计

设计友好的用户界面，确保用户能够方便地与智能产品交互。通过用户测试和反馈，不断优化用户体验，提升产品的易用性和用户满意度。

（8）测试与验证

对各个模块进行单元测试，确保每个模块功能的正确性。进行系统级测试，验证各模块的集成效果和系统性能。邀请真实用户进行测试，收集反馈，发现和修复潜在的问题。

（9）部署与运维

将经过测试与验证的产品部署到用户环境中。建立运维体系，监控系统运行状态，及时发现和解决问题。通过用户反馈和数据分析，不断优化和改进产品功能和性能。

1.3.2 校园安防解决方案实例分析

（1）实例背景

校园安全作为教育工作的重要组成部分，关联着无数家庭的安宁幸福，牵动着广大家长的心。因此，需要结合人防、物防、技防，加强校园安全方案系统建设，增强校园安防能力。本方案对某校园围墙周边的视频点位进行改造，实现以下功能：

1）当有学生或校外人员翻越、跨过围墙时进行精准报警。

2）摄像机具备主动干预能力，当有事件发生时摄像机可以发出警戒音进行提醒震慑。

3）当有事件发生时需要提醒保安室的工作人员进行处置。

4）所有设备统一由中心平台管理，中心平台可以完全控制并实时查看每个点位的情况；各个区域安保负责人仅控制所属区域的设备。

（2）方案设计

本实例选择 500 万像素双光智能警戒摄像机。当有人员或车辆触发智能周界功能时，摄像机自动开启白光补光灯进行声光告警震慑，以此主动制止翻越、跨过围墙等违规行为。

摄像机内置麦克风和扬声器，当有事件发生时，摄像机可将报警信息及时推送至 VMS（视频监控系统）综合安防平台和云手机 APP。安保人员收到消息后可直接与现场进行语音对话，及时劝阻、制止违规行为。同时，摄像机支持自定义语音功能，用户可根据不同需求录制并上传个性化提示音，围墙附近的摄像机可设置"禁止翻墙"等提示音，人工湖附近的摄像机可设置"人工湖水深，请勿靠近"等提示音。

本实例选择 4mm 焦距的智能警戒摄像机。学校围墙总计约 240m 长，每隔约 15m 架设两台摄像机，共需 32 台摄像机，即可实现围墙附近视频点位的全面覆盖。

本实例选择 32 路 8 盘位 508 系列 NVR（网络视频录像机），508 系列 NVR 具备强劲解码性能，可实现 32 路 400 万像素摄像机全部接入预览。支持超级 265 编码模式，插入 8 块 8TB 硬盘，满接 32 路 500 万像素"超级 265 相机"⊖，可实现 90 天以上超长周期的 24h 不间断录像存储，满足校园场景视频录像的长期存储要求。此外，508 系列 NVR 支持接入前端智能进行告警，同时具备事件回放、事件检索等功能。

本实例的检测效果如图 1-12 所示。

此外，本实例选择视频互联一体机（VMS-10A1-DT）作为中心平台。平台可实现最大 256 台设备、1000 路通道统一接入。管理人员在一个平台上就能实现基础视频管理、考勤管理、访客管理、人员管理、人数统计、车辆管理、报警管理、运维管理等业务。该平台的系统拓扑结构如图 1-13 所示。

⊖ "超级 265 相机"是指支持超级 265 编码模式的摄像机。它能够在保持高清画质的同时，显著减少视频流的大小，节省存储空间和带宽。

图 1-12　校园安防解决方案实例的检测效果

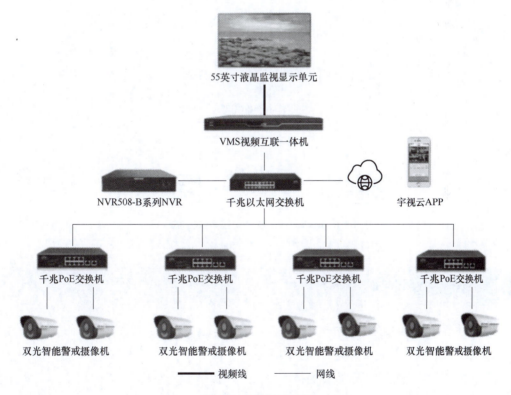

图 1-13　系统拓扑结构

注：PoE 即以太网供电；55 英寸表明监视器屏幕对角线长度约 139.7cm。

1.3.3　电动自行车违停防范解决方案实例分析

（1）实例背景

本实例旨在强化电动自行车全链条安全监管，加强电动自行车生产源头、流通销售、末端使用、拆解回收等环节管理，严格查处电动自行车"进楼入户""飞线充电"以及占用堵塞疏散通道和安全出口等违法违规行为，以便有效遏制电动自行车火灾事故。本实例有助于加强住宅小区日常消防安全管理，从而持续深入开展消防安全集中除患攻坚大整治行动，突出纠治堵塞疏散通道、电线私拉乱接、电动自行车违规停放充电等问题。

（2）方案设计

本实例在架空层等违规区域新增具备电动自行车智能识别功能的摄像机。在物业监控室/保安处安装 NVR、个人计算机等后端管理设备，具体方案可参考周界防范的后端设备方案。当有电动自行车出现在违规区域时，现场摄像机播放"电动自行车禁止停放"的语音报警，实现驱离；同时联动后端管理设备，通知管理人员。电动自行车违停防范解决方案示意如图 1-14 所示。

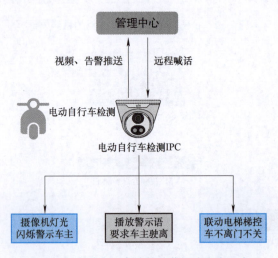

图 1-14　电动自行车违停防范解决方案示意

1.4　课后思考题

1. 概述智能产品的核心概念。
2. 智能产品在日常生活中有哪些应用场景。
3. 智能产品主要集成了哪些核心技术。
4. 智能产品开发过程中面临的主要挑战有哪些。
5. 概述区分智能产品与传统产品的关键因素。

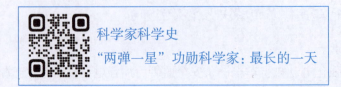

第 2 章

智能业务技术架构

课件PPT

2.1 智能业务的构成模型和技术要求

本节将深入探讨智能业务的构成模型以及相关的技术要求。了解智能业务的构成模型，可有助于我们理解不同业务模型的特点，了解相关技术要求则有助于我们理解后续技术架构的背景和指导原则。

2.1.1 智能业务的构成模型

智能业务的构成模型按照产业生态通常可以划分为基础层、技术层、应用层。其中，基础层提供了支撑智能业务的基础设施和技术，以及存储和处理大规模数据的能力，包括高性能的计算和通信基础设施；技术层提供了各种人工智能（AI）技术、算法和模型，用于处理和分析数据，并提取有用的信息和知识；应用层是智能业务技术的最终应用领域，将技术层提供的算法和模型应用到解决具体的问题和场景中，实现智能化决策和优化。智能业务的构成模型如图 2-1 所示。

（1）基础层

基础层为智能业务模型提供最基本、最基础、最底层的业务服务，包含了智能业务三大核心要素中的算力和数据，以及运行在硬件资源上的软件平台，对应图 2-1 中的基础硬件、数据资源和软件平台。

基础硬件是支撑人工智能系统运行所需的硬件设备资源，如智能传感器和网络设备等。其中 AI 芯片是最重要的硬件资源，它为智能业务系统提供了"算力"。由于智能业务系统使用了大规模的数据训练复杂的神经网络算法，因此 AI 芯片需要具备强大的并行计算能力，用于加速训练和推理过程。在硬件算力方面，基础层的主要目标是提高计算效率、降低能耗以及打造适合智能业务计算的硬件架构。

数据是智能业务的燃料，训练输入数据的质量直接决定了智能业务系统的性能指标。不同目的的智能业务系统需要训练不同类型的数据。比如，通用数据一般用于训练通用知识系统,行业数据则用于训练行业知识系统。训练数据也需要根据具体的算法,确认是否需要标注以及如何标注等。在智能业务系统中,数据的处理和应用是一项非常复杂的任务,涉及的技术和知识包括数据收集与清洗、数据存储与管理、数据预处理与特征工程、数据标注与注释、数据可视化与分析、隐私与安全保护等。这些技术和知识在智能业务的数据处理中起到了关键作用。通过合理运用和整合这些技术和知识,可以更好地处理和应用数据,为智能业务系统提供有效的训练和决策依据。

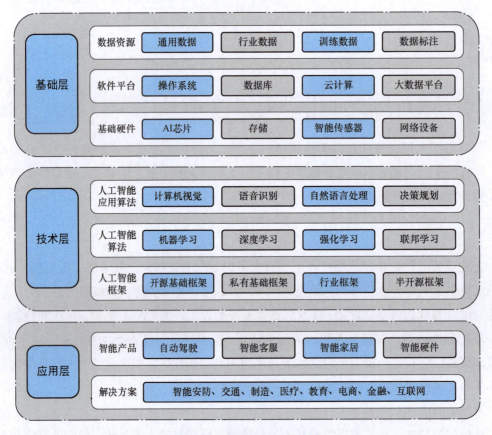

图 2-1 智能业务的构成模型

除了硬件资源和数据资源,还需要通过软件平台整合硬件资源和数据资源,高效使用硬件资源完成对数据的训练和推理,其中涉及的软件平台有特定类型的操作系统、数据库、云计算以及大数据平台等。

(2)技术层

技术层位于基础层之上,提供了各种人工智能技术、算法和模型,用于处理和分析数据,并提取有用的信息和知识。主要包括人工智能框架、人工智能算法和人工智能应用算法。

人工智能框架是实现智能业务的软件基础框架,它利用人工智能算法完成整体业务框架的搭建。目前，有完全开源的基础框架，如 TensorFlow、PyTorch、Transformer 等；也有不开源的私有基础框架，如 Caffe、CNTK；还有一些半开源框架，或者部分开源框架，其中一些核心组件或基础功能是开放的，但也包含一些额外的专有组件或扩展，或者整个框架中有一部分是开源的，如 Keras、MXNet、GPT 等。根据人工智能框架的开源情况的不同，人工智能的开发模式也不同，常见的两种开发模式分别是基于开源框架进行开发和基于在线框架 API（应用程序接口）进行开发。基于开源框架进行开发是基于已经发布的开源框架系统进行开发和训练，由于源代码开放，因此开发者可以自由地查看、修改和定制系统，以适应特定的需求和任务。基于在线框架 API 进行开发是基于部署在云端的大型机器学习或深度学习模型，通过 API 或其他接口的方式进行访问和使用，优点是开发者无须关注底层的硬件和软件架构，只需通过网络请求即可获得系统⊖的预测结果。两种开发模式各有优势，开发者可以根据具体的业务需求选择。

人工智能算法就是能够具体实现智能业务的数据计算方法，如机器学习算法、深度学习算法、强化学习算法、联邦学习算法等。人工智能算法和人工智能框架共同完成了对数据的训练、优化和推理等任务，例如，当前主流的生成式预训练模型就是一种人工智能算法，它还包含了三种子模型，即自编码模型、自回归模型、编码-解码模型，分别对应 BERT、GPT 和 Transformer 模型。

人工智能应用算法是在人工智能框架和人工智能算法之上的涉及具体应用领域的业务计算，涉及计算机视觉、语音识别、自然语言处理、决策规划等。

（3）应用层

技术层提供了文字、音频、图像、视频、代码、策略、多模态的理解和生成能力，可以通过应用层具体应用于安防、交通、制造、医疗、教育、电商、金融、互联网等多个领域，为企业级用户、政府机构用户、大众消费者用户提供产品和服务。

应用层是智能业务技术的最终应用领域，将技术层提供的算法和模型应用和部署到解决具体的问题和场景中，实现智能化决策和优化。在这一层，人工智能被集成到各种应用领域中，形成智能产品，包括自动驾驶、智能客服、智能家居、智能硬件等，可以给各行各业赋能，通过深度融合，实现业务智能，提高工作效率和质量。

应用层的主流方案会因具体应用领域的不同而有所不同。例如，在自然语言处理中，主流方案包括文本分类、情感分析、机器翻译等；在计算机视觉中，主流方案包括图像识别、物体检测、图像生成等。这些方案通过技术层提供的技术、算法和模型，将人工智能技术应用于解决实际问题，并为用户提供智能化服务和体验。

⊖ 系统是指一个智能产品或智能业务系统，该系统由多个层次和组件组成，以实现复杂的功能和满足多种需要。后文中无明确指明具体系统时，"系统"均同此。

2.1.2 智能业务的技术要求

智能业务对技术有着特定的基本要求，包括可扩展性、高可用性、安全性、实时性和可伸缩性，如图 2-2 所示。只有满足这些要求，智能业务才能稳定运行和持续发展。下面将概述智能业务的基本技术要求，为后续技术架构设计提供重要的背景信息。

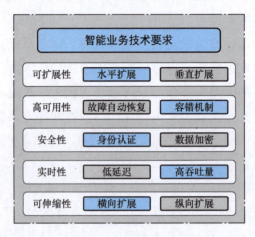

图 2-2 智能业务技术要求

（1）可扩展性

智能业务往往需要应对不断增长的用户量和数据量，因此系统必须具备良好的可扩展性，能够根据需要进行水平扩展或垂直扩展，以保证性能和可用性。具体来说，可扩展性是指系统在增加资源（如硬件、存储、计算能力）时，能够处理更多工作负载或支持更多用户，同时保持性能和响应时间不变或基本不变的能力。

（2）高可用性

智能业务通常要求系统能够 24h 不间断地运行，因此高可用性是其重要的技术要求之一。系统需要具备故障自动恢复、容错机制等功能，以确保即使在部分组件或节点发生故障时，整个系统仍能正常运行。

（3）安全性

智能业务处理的数据往往涉及用户的隐私信息或商业机密，因此安全性是其不可或缺的技术要求之一。系统需要具备完善的身份认证、权限控制、数据加密等安全机制，以保护数据不受未授权访问和恶意攻击。

（4）实时性

部分智能业务对数据处理的实时性要求较高，如金融交易系统、在线游戏等。因此，系统需要具备低延迟、高吞吐量的特性，能够及时响应用户的请求并处理大量实时数据。

（5）可伸缩性

随着智能业务的发展和变化，系统需要能够快速调整和适应不同规模和负载的需求，因此可伸缩性是智能业务的重要技术要求之一。系统需要具备良好的横向扩展和纵向扩展能力，能够灵活地调整资源配置和负载均衡策略。具体来说，可伸缩性是指系统能够根据工作负载的变化，动态地调整资源的分配和配置，以确保系统在高峰负载和低谷负载下都能高效运行。这通常涉及自动化的资源分配和负载均衡。

2.2 智能业务技术架构的组件和功能

智能业务的技术架构通常由多个组件组成，这些组件相互配合，共同构建出产品的功能和性能。

2.2.1 智能业务技术架构的组件

智能业务的技术架构可以因产品类型和应用场景而异，但通常包括以下几个主要组件：

（1）前端界面

前端界面是用户与产品进行交互的界面，可以是 Web 应用、移动应用或者其他形式的界面。前端界面需要设计友好的用户体验，并与后端系统通信以获取数据和执行操作。前端界面的开发通常涉及以下主要技术：

1）HTML（超文本标记语言）：HTML 是网页的基础结构，用于定义网页的内容和结构。它由一系列标签组成，每个标签都用于描述页面上的特定部分，如标题、段落、图片等。

2）CSS（串联样式表）：CSS 用于控制网页的样式和布局，包括字体、颜色、大小、间距、对齐方式等。通过 CSS，可以对 HTML 元素进行美化和定位，使页面看起来更加吸引人并且易于阅读。

3）JavaScript（JS）：JavaScript 是一种脚本语言，用于为网页添加交互性和动态效果。通过 JavaScript，可以对用户的输入做出响应、修改页面内容、处理表单数据、创建动画效果等。

4）图像和多媒体内容：网页可能包含图片、视频、音频等多媒体内容，这些内容可以通过 HTML 的标签嵌入页面中。

5）用户界面（UI）组件：用户界面组件包括按钮、输入文本框、下拉列表框、标签和选项卡等，用于构建用户与网页交互的界面元素。

6）响应式设计：现代网页通常需要适应不同尺寸的设备屏幕，因此响应式设计成为前端界面的重要组成部分。通过 CSS 媒体查询和弹性布局等技术，可以使网页在不同设备上呈现出最佳的布局和样式。

（2）用户体验设计

用户体验（UX）设计是指通过提供愉悦、有效和有意义的用户体验来满足用户需求的过程。设计师负责创建易于使用和吸引用户的界面，使用户能够轻松地与产品交互。用户体验设计包括以下主要环节：

1）用户研究：用户研究是用户体验设计的基础，通过调查和分析目标用户的需求、行为和偏好，以及他们在使用产品或服务时所面临的问题和挑战，来指导设计过程。

2）用户旅程地图：用户旅程地图描述了用户与产品或服务互动的整个过程，从开始到结束，以及在这个过程中用户的情感和体验。它帮助设计师理解用户的感受和需求，从而优化用户体验。

3）信息架构：信息架构是指对内容进行组织和结构化的过程，以便用户能够轻松地找到他们需要的信息。好的信息架构能够提高用户的效率和满意度。

4）交互设计：交互设计关注用户与产品或服务之间的互动方式，包括界面设计、导航设计、反馈设计等。它致力于使用户界面易于理解、直观和容易操作，从而提升用户体验。

5）可用性测试：可用性测试是指在设计完成后对产品或服务进行测试，以评估其易用性和用户体验。通过观察用户在实际使用过程中的行为和反馈，设计师可以发现问题并改进。

6）视觉设计：视觉设计包括界面的外观和感觉，如颜色、字体、图标、布局等。它旨在提升用户对产品或服务的视觉吸引力，并与品牌形象相一致。

7）反馈与迭代：用户体验设计是一个持续改进的过程，在产品发布后，设计师应收集用户反馈并进行迭代，以不断优化用户体验。

这些主要环节共同构成了用户体验设计，使产品或服务能够提供出色的用户体验，满足用户的需求和期望。

（3）业务逻辑

业务逻辑是指在智能软件应用或系统中实现特定业务功能所必需的处理流程和规则，负责处理用户请求、执行业务规则和逻辑，实现产品的核心功能。它通常包括以下主要组成部分：

1）数据模型：数据模型定义了系统所涉及的数据对象以及它们之间的关系。它描述了数据的结构、属性和约束条件，为业务逻辑提供了数据的基础。

2）业务规则：业务规则定义了系统中的行为和约束，规定了特定业务功能的操作逻辑。这些规则包括计算、验证、审批流程、权限控制等，以确保业务过程的正确性和完整性。

3）流程设计：流程设计描述了业务功能的执行流程，包括各个步骤的顺序、条件分支和并发处理。它指导系统处理用户请求，以实现预期的业务目标。

4）业务服务：业务服务是系统中提供业务功能的核心组件，负责执行业务逻辑并与其他系统组件交互。它通常包括用户界面、应用程序接口（API）、后端服务等。

5）异常处理：异常处理定义了系统在遇到意外情况或错误时的应对策略，包括错误检测、错误处理和故障恢复等。它确保系统能够在异常情况下保持稳定性和可靠性。

6）数据持久化：数据持久化是指将系统中的数据存储到持久化存储介质（如数据库、文件系统）中，并在需要时进行读取和更新。它确保数据在系统重启或发生故障后不会丢失，并保持数据的一致性和可靠性。

7）安全性：安全性是业务逻辑设计中的重要考虑因素，包括身份验证、权限管理、数据加密、防止攻击等措施，以保护系统和用户的信息安全。

这些组成部分共同构成了业务逻辑，是实现智能软件应用或系统所需的核心要素，直接影响到系统的功能性、可靠性和用户体验。

（4）数据访问层

数据访问层（DAL）是智能产品的关键组成部分，它负责处理数据访问和管理任务。数据访问层包括以下核心组件：

1）数据库：存储产品的数据，可以是关系数据库（如 MySQL、PostgreSQL）、NoSQL 数据库（如 MongoDB、Redis）或其他类型的数据存储系统。

2）数据访问对象（DAO）：DAO 是数据访问层的核心组件，负责封装对数据存储介质（如数据库）的访问逻辑。DAO 提供了一组接口或方法，用于执行数据的增删改查操作，并隐藏了底层数据存储的细节，使业务逻辑层能够以统一的方式访问数据。

3）数据源管理器：数据源管理器负责管理和维护系统所需的数据源（如数据库连接），包括连接的建立、释放和池化等操作。它确保了数据访问层能够高效地管理和利用数据源，提高了系统的性能和资源利用率。

4）对象关系映射（ORM）框架：ORM 框架是一种在对象模型和关系数据库之间进行数据映射的技术，它将数据库中的表和记录映射为对象及其属性，使开发人员能够通过面向对象的方式操作数据，而不必直接使用 SQL（结构查询语言）。ORM 框架简化了数据访问层的开发和维护，提高了开发效率和代码的可维护性。

5）连接池：连接池用于管理和复用数据库连接，以减少连接的创建和销毁开销，提高系统的性能和资源利用率。连接池通常包括连接的分配、回收和监控等功能，确保系统能够有效地管理和利用数据库连接。

6）事务管理器：事务管理器负责管理和控制数据访问操作的事务性，包括事务的开始、提交、回滚和状态管理等操作。它确保数据访问操作能够以原子性、一致性、隔离性和持久性（ACID）的特性进行，保证数据的完整性和一致性。

7）数据缓存：数据缓存用于缓存数据访问层的查询结果，以减少对数据库的频繁访问，提高系统的性能和响应速度。数据缓存通常包括查询结果的存储、更新和失效策略等功能，确保缓存数据的有效性和一致性。

（5）性能与可伸缩性

在智能产品开发中，性能与可伸缩性是至关重要的因素。为了确保系统能够高效运行并随着需求的增长而扩展，需要采取一系列措施来优化系统性能和提高其可伸缩性。其中，负载均衡和缓存是两项关键技术，它们能够有效地提升系统的性能表现和响应速度。

1）负载均衡：将请求分发到多个服务器上，平衡系统的负载，提高性能和可用性。

2）缓存：缓存常用数据或计算结果，减少对数据库或其他资源的访问，缩短响应时间。

（6）集成与通信

智能产品通常需要与其他系统集成，以实现更丰富的功能或者提供更好的用户体验。集成与扩展组件负责实现与第三方系统的集成，并提供扩展接口以支持产品功能的扩展。在这一过程中，API和消息队列扮演着重要的角色。

1）API：定义产品与外部系统或服务之间的接口，支持数据交换和通信。

2）消息队列：实现不同组件之间的异步通信，提高系统的可伸缩性和灵活性。

综上所述，这些组件通常会相互交互和配合，构成一个完整的智能产品技术架构，通过合理设计和组织，可以实现产品的稳定性、可扩展性和可维护性。在设计和实现智能产品时，需要根据具体需求和场景选择合适的技术架构方案，并注重各个组件之间的协同工作和一致性。

2.2.2　智能业务技术架构的功能

智能产品的设计与开发涉及多个复杂的技术和功能层面。在构建智能业务技术架构时，各个功能模块的设计与实现至关重要，它们直接影响产品的性能、可扩展性和用户体验。本节将深入解析智能业务技术架构的各项功能，包括用户界面、应用层、数据访问层、业务逻辑组件、安全与隐私、监控与分析、性能与可伸缩性、集成与通信等功能，旨在帮助读者全面了解智能业务技术架构的核心要素及其重要性。

（1）用户界面功能

用户界面（UI）为用户提供友好的界面，包括直观的操作和清晰的布局，同时支持不同设备和平台，如个人计算机、手机、平板计算机等，并提供个性化设置和定制功能，以满足不同用户的需求。

（2）应用层功能

应用层负责实现产品的核心功能，如实时搜索、推荐系统、智能推断等，同时确保系统的稳定性和性能，以支持高并发访问，并提供灵活的扩展机制，以便轻松添加新功能或模块。

（3）数据访问层功能

数据访问层负责提供高效、可靠的数据存储和访问功能，以确保数据的完整性和安全性。它支持数据的基本操作，如增删改查，并提供事务管理和数据备份功能。此外，它实现了数据的持久化存储，并支持数据的分布式存储和缓存机制。

（4）业务逻辑组件功能

业务逻辑组件提供了灵活的业务规则和流程定义，支持对业务逻辑的定制和调整；它还能实现复杂的业务逻辑，如订单处理、支付流程、用户管理等；同时，它也支持业务规则和流程的动态配置和更新，以应对业务需求的变化。

（5）安全与隐私功能

在安全与隐私方面，系统实现了用户身份验证和授权功能，以确保系统的安全性和数据的保密性。此外，系统还提供了加密传输和数据存储功能，有效防止了数据被泄露和篡改的风险。另外，通过对用户操作进行监控和审计，能够及时发现和应对安全风险，进一步加强了系统的安全性。

（6）监控与分析功能

监控与分析功能包括实时监控系统的运行状态和健康状况，以及及时发现和处理异常情况。此外，系统还能够记录运行日志和事件，方便进行故障排查和性能优化。另外，系统也提供报警和通知功能，可以及时通知管理员和运维人员，确保能够快速响应和处理问题。

（7）性能与可伸缩性功能

性能与可伸缩性功能涵盖了多个方面：提供负载均衡和自动伸缩功能，能够根据系统负载动态调整资源分配，以确保系统能够稳定运行；实现数据缓存和预取功能，有助于减少对后端资源的访问压力，提升系统的响应速度；监控系统的性能指标和资源利用率，能够及时发现和处理性能瓶颈，确保系统运行的高效性和稳定性。

（8）集成与通信功能

集成与通信功能是确保智能产品与外部系统顺畅交互的关键。首先，提供稳定可靠的接口和协议，有助于支持与外部系统的集成和通信，确保系统运行的稳定性和可靠性。其次，实现异步通信和消息传递，能够提高系统的响应速度和吞吐量，从而提升用户体验。最后，支持数据格式转换和协议适配，能够确保不同系统之间的兼容性和互操作性，进一步增强系统的灵活性和可扩展性。

2.3 智能业务技术架构的设计和实现

2.3.1 智能业务技术架构设计原则

智能业务技术架构设计原则是为了确保系统能够满足智能业务的需求，具备高效、稳定、安全、可扩展等特性。智能业务技术架构的设计原则如下：

（1）模块化设计

将系统拆分为多个独立的模块，每个模块都负责特定的功能，实现高内聚、低耦合的设计。这样的架构使得系统更易于维护、扩展和重用。

（2）服务化架构

采用服务化架构将系统划分为多个服务，每个服务都提供特定的功能或业务，通过接口通信。这种架构可以实现分布式部署、独立升级和弹性扩展，提高系统的灵活性和可伸缩性。

（3）实时性和响应性

智能业务通常需要实时响应用户的请求或事件，因此系统需要具备高效的实时处理能力和低延迟的响应速度。设计时需考虑采用高性能的数据处理算法和实时数据流处理技术。

（4）数据驱动的设计

智能业务的决策和推荐往往基于大量数据分析和挖掘，因此系统架构需要围绕数据展开，通过完善的数据采集、存储、处理和分析能力，支持数据驱动的业务决策。

（5）安全与隐私保护

智能业务涉及大量用户数据和敏感信息，系统架构需要具备安全性和隐私保护的能力，采用数据加密、访问控制、身份认证等技术手段，确保用户数据的安全和隐私不受侵犯。

（6）可扩展性和灵活性

智能业务的需求可能随着业务发展和用户增长而不断变化，因此系统架构需要具备良好的可扩展性和灵活性，能够快速适应新的业务场景和需求变化。

（7）监控与日志

建立完善的监控与日志子系统，实时监控系统的运行状态和性能指标，及时发现和解决问题，确保系统的稳定性和可靠性。

（8）技术选型和创新

在技术选型上要考虑系统的需求和未来发展方向，选择成熟稳定的技术框架和工具，同时关注新兴技术的发展和应用，保持技术的创新性和竞争力。

（9）用户体验优先

智能业务的成功往往取决于用户体验的质量，系统架构设计应以提升用户体验为核心目标，确保系统易用、友好、高效。

（10）持续优化和演进

智能业务的发展是一个持续优化和不断演进的过程，系统架构设计应考虑未来的扩展和演进方向，保持系统的灵活性和可维护性，持续进行技术创新和性能优化。

2.3.2 智能业务技术架构实现案例

本节是一个基于开放式智能业务技术架构的实现案例。

（1）算法开发平台

算法开发平台（Algorithm Open Platform，AOP）用于在设备上快速部署和替换算法，支持不同厂商的算法包。具体而言，替换算法将不同厂商的算法制作成不同的算法包，并把算法包导入设备中。算法开发平台导入示例如图 2-3 所示。其中，算法程序（APP）通过设备的 SDK（软件开发工具包，后续简称为南向接口）与设备内部通信，并通过 LAPI（本地应用程序接口，后续简称为北向接口）与设备外部进行交互。

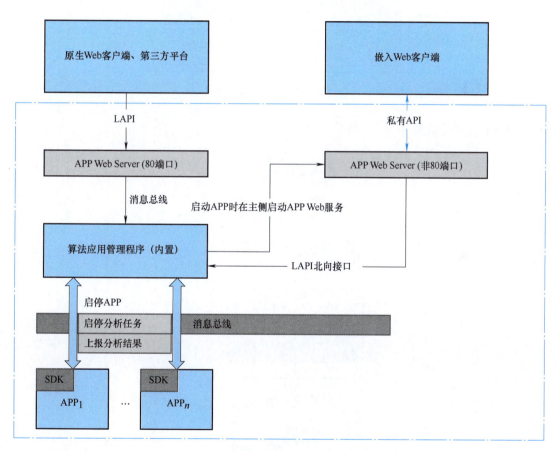

图 2-3 算法开发平台导入示例

（2）算法应用管理程序

算法应用管理程序主要负责导入和删除 APP、管理 APP 运行、算法任务启停调度以及数据传输。其中，具体的算法任务主要包括算法初始化、创建分析通道、停止分析通道、分析视频图像和上报分析结果这几个部分，具体结构如图 2-4 所示。

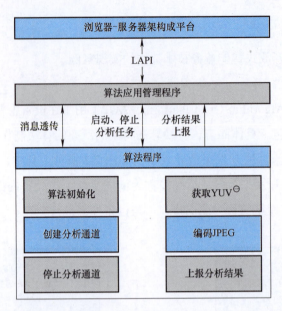

图 2-4 算法任务具体结构

算法程序核心流程如图 2-5 所示。

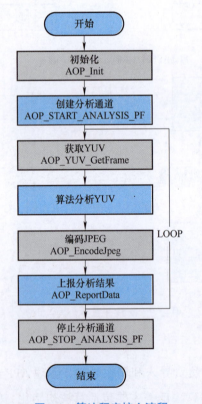

图 2-5 算法程序核心流程

_____

⊖ YUV 是一种颜色编码格式,将颜色分为亮度(Y)、色度(U 和 V)分量,用于视频和图像处理。

（3）南向接口总览

南向接口用于提供设备支持的一部分服务，当前设备支持的服务化接口及描述见表 2-1。

表 2-1　南向接口描述

接　　口	描　　述
AOP_Init	应用初始化接口
AOP_Destroy	应用销毁接口
AOP_RegLog	注册日志接口
AOP_LOG	日志宏定义
AOP_SendRspData	发送响应数据
AOP_ReportData	上报数据（如分析结果）
AOP_YUV_GetCap	获取 YUV 通道能力集
AOP_YUV_GetParam	获取 YUV 通道参数
AOP_YUV_SetParam	设置 YUV 通道参数
AOP_PhyMemMalloc	物理内存申请
AOP_PhyMemFree	物理内存释放
AOP_YUV_GetFrame	获取 YUV 通道视频帧
AOP_EncodeJpeg	YUV 编码为 JPEG

（4）北向接口总览

北向接口用于实现客户端和设备之间的通信，见表 2-2。客户端需至少实现一些接口，才可完成和设备的对接工作。

表 2-2　北向接口描述

接　　口	描　　述	客户端需实现
/AOP/V1.0/Engines/BaseInfo	查询设备分析引擎信息	√
/AOP/V1.0/AppManagement/ResourceInfo	查询设备资源信息	
/AOP/V1.0/AppManagement/Apps	查询应用程序列表	√
/AOP/V1.0/AppManagement/Apps/<ID>	查询/卸载指定应用程序	√
/AOP/V1.0/AppManagement/Apps?FileName=<FileName>	安装应用程序	√
/AOP/V1.0/AppManagement/Apps/<ID>?FileName=<FileName>	升级应用程序	
/AOP/V1.0/AppManagement/Apps/<ID>/Config	启动/停止应用程序配置	√

（续）

接　　口	描　述	客户端需实现
/AOP/V1.0/AppManagement/Apps/<ID>/License?FileName=<FileName>	导入应用许可证（License）	
/AOP/V1.0/AppManagement/Apps/<ID>/Tasks	创建/查询任务	√
/AOP/V1.0/AppManagement/Apps/<ID>/Tasks/<ID>	删除/启动/停止任务	√
/AOP/V1.0/AppManagement/Subscription	应用数据订阅	√
/AOP/V1.0/AppManagement/Subscription/<ID>	指定应用数据订阅	√
/AOP/V1.0/AppManagement/AppData	应用数据推送上报	√
/AOP/V1.0/AppManagement/AppData?EngineID=<EngineID>&AppID=<AppID>	应用数据下发	

2.4　课后思考题

1. 描述智能业务构成模型中的三个主要层级，并举例说明每个层级中的关键要素和作用。
2. 解释人工智能的两种开发模式，并讨论它们各自的优缺点。
3. 解释智能业务技术架构的"模块化设计"和"服务化架构"的设计原则，并讨论它们的优点。
4. 解释算法开发平台（AOP）的主要功能和架构，包括南向接口和北向接口的作用。
5. 描述图2-3和图2-4中算法应用管理程序的主要结构和功能。

科学家科学史
"两弹一星"功勋科学家：王大珩

第 3 章

智能产品开发工具

课件PPT

3.1 开发工具的选择和安装

开发工具的作用是为开发人员提供一个高效、便捷的环境来编写、测试、调试和部署软件。在智能产品开发中，合适的开发工具可以极大地提高开发效率，降低开发成本，并且有助于确保智能产品的质量。在选择开发工具时，需要考虑工具的功能、性能、易用性、生态系统、社区支持等多个方面。本节将介绍一些常用开发工具，并探讨选择开发工具的准则，使开发人员在实际项目中能够做出明智的选择。

3.1.1 常用开发工具

智能产品开发通常涉及硬件和软件的集成，因此需要一系列开发工具来支持整个开发周期。

（1）集成开发环境

集成开发环境（Integrated Development Environment，IDE）是提供程序开发环境的应用程序，一般包括代码编辑器、编译器、调试器和图形用户界面等工具。它也是集成了代码编写功能、分析功能、编译功能、调试功能等一体化的开发软件服务套件。开发人员可以通过 IDE 提供的代码高亮、代码补全和提示、语法错误提示、函数追踪、断点调试等功能提高开发效率。常用 IDE 工具、特点和适用场景见表 3-1。

表 3-1 常用 IDE 工具、特点和适用场景

工　　具	特　　点	适　用　场　景
Microsoft Visual Studio	支持用多种编程语言编写	开发大型、复杂的企业级应用程序
Visual Studio Code	免费开源，支持多平台	各种规模的软件开发项目
PyCharm	专门用于 Python 开发	基于 Python 的复杂项目
Android Studio	方便快捷，可视化布局	适用于 Android 手机、平板计算机、穿戴式设备、电视等设备的应用开发

Microsoft Visual Studio（VS）是微软开发的一款基本完整的开发工具集，它包括了整个软件生命周期中所需要的大部分工具，如 UML（统一建模语言）工具、代码管控工具等，其所编写的目标代码适用于微软支持的所有平台。它非常实用且强大，专门为开发人员而设计，给开发人员带来极大的便利。VS 拥有强大的可视化布局功能，可以实时地展示界面布局效果，其软件界面如图 3-1 所示。

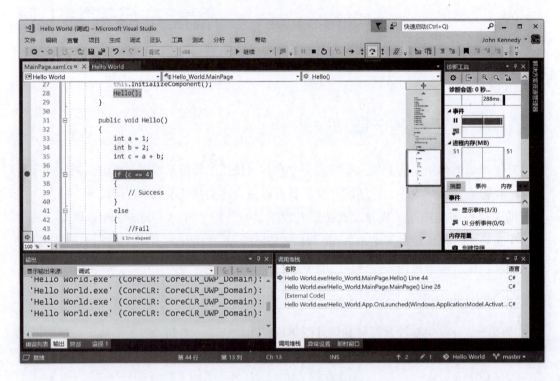

图 3-1　Visual Studio 软件界面

Visual Studio Code 是一款由微软开发的轻量级代码编辑器，免费开源，支持多平台（Windows、macOS、Linux）。它具有丰富的插件生态系统，支持几乎所有主流编程语言和框架的语法高亮、代码补全、版本控制集成等。其软件界面如图 3-2 所示。

PyCharm 是一款 Python IDE，带有一整套可以帮助用户在使用 Python 语言开发时提高效率的工具，比如调试、语法高亮、Project（项目）管理、代码跳转、智能提示、自动完成、单元测试、版本控制。它还支持 Python 框架快速搭建，是 Python 开发者必备的开发工具。PyCharm 跨平台支持 Windows、Linux、Mac OS X 等操作系统，其软件界面如图 3-3 所示。

Android Studio 是谷歌推出的一款 Android 集成开发工具，适用于 Android 手机、平板计算机、穿戴式设备、电视等设备的应用开发。可以直接下载免安装版来使用，不再需要 Eclipse 这样复杂的配置环境。其操作方便、快捷，软件界面如图 3-4 所示。

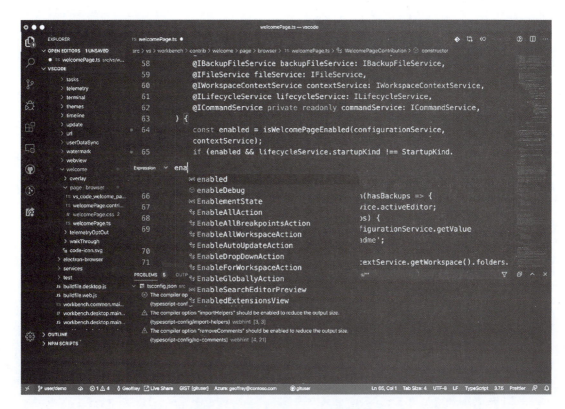

图 3-2　Visual Studio Code 软件界面

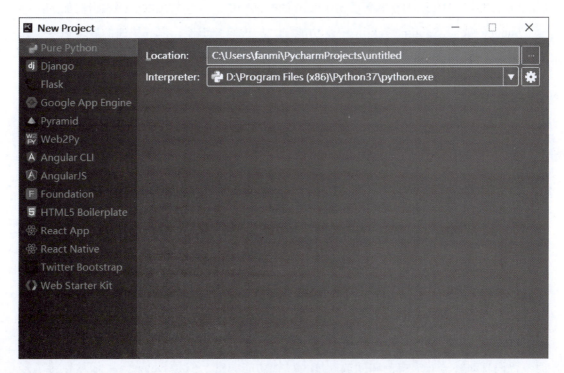

图 3-3　PyCharm 软件界面

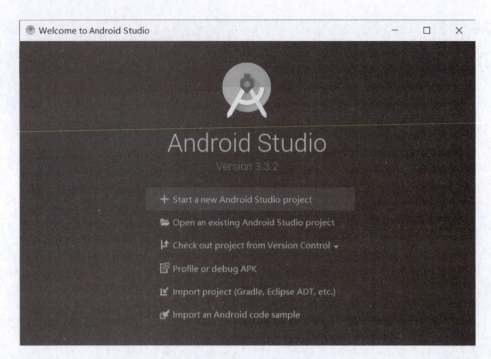

图 3-4　Android studio 软件界面

（2）代码编辑器

代码编辑器是一种用于创建、阅读、修改源代码的文本编辑器。IDE 囊括了代码编辑器的所有功能，但代码编辑器无法提供 IDE 的全部功能。一些常用的代码编辑器如下：

Sublime Text：Sublime Text 是一款功能强大的代码编辑器，以其快速的启动速度、强大的插件生态系统和高度可定制性而闻名。它支持多种编程语言，并提供语法高亮、代码补全、代码折叠等功能，以及插件和扩展。Sublime Text 适用于个人开发者和小型团队，尤其适合跨平台开发和快速原型开发。尽管它不是免费的，但许多开发者认为它的性能和特性使其物有所值。

Atom：Atom 是由 GitHub 开发的免费、开源代码编辑器，以其高度可定制性和强大的插件生态系统而闻名。它支持多种编程语言，并提供了语法高亮、代码补全、代码折叠等功能。Atom 支持 Windows、macOS 和 Linux 平台，并允许用户通过修改配置文件来自定义编辑器的功能和外观。此外，Atom 集成了 Git 版本控制功能，并提供预览功能，可以直接在编辑器中预览 HTML、CSS、Markdown 等文件。尽管 Atom 不是专门为编程设计的，但它非常适合处理文本和标记语言。

Notepad++：Notepad++ 是一款免费且开源的代码编辑器和记事本替代品，专为 Windows 系统设计，支持多种编程语言，包括 C、C++、Java、HTML、PHP 和 Python 等。它提供语法高亮和代码折叠功能、多标签界面、插件系统、强大的搜索和替换功能、可定制界面、代码自动补全、宏录制和回放功能。尽管功能丰富，但是 Notepad++ 依然保持了轻量和快速的特点。该软件通过 GNU General Public License（GPL）发布，允许用户免费使用、修改和分享。

Vim：Vim 是一款强大的文本编辑器，以命令行界面和高度可定制性而闻名。它支持多种编程语言，提供语法高亮、代码折叠、多标签页界面等功能。Vim 允许用户通过命令行进行操作，包括搜索、替换、折叠、编辑等。尽管 Vim 学习曲线较陡峭，但熟练使用后可以显著提高开发效率。

（3）版本控制系统

Git：Git 是一个分布式版本控制系统，用于追踪代码变更和协作开发。它支持多用户协作，可以方便地管理代码的提交、拉取、推送等操作。Git 具有快速、可靠、易于扩展的特点，是开源社区和大型项目首选版本控制工具。

SVN：SVN 是一个开源的版本控制系统，用于跟踪文件的变更历史，并支持多用户协作。它允许开发者从远程仓库复制代码，进行本地修改，然后将更改提交回远程仓库。SVN 提供了一个易于使用的图形界面，以及强大的命令行工具，使得代码的版本管理变得更加简单。

3.1.2 开发工具选择准则

选择开发工具时，应考虑以下准则以确保工具能够满足项目需求，提高开发效率，并适应开发团队的技能和偏好：

1）项目需求：考虑项目的编程语言、框架、平台和技术栈。确保所选工具支持项目所需的所有技术。

2）功能性和集成：选择提供代码编辑、编译、调试、版本控制、性能分析等必要功能的工具。集成开发环境（IDE）通常提供这些功能的紧密集成。

3）性能和可扩展性：选择性能良好且可扩展的工具，以便能够处理大型项目和添加额外的功能或插件。

4）社区和生态系统：一个活跃的社区和丰富的生态系统可以提供支持、插件、库和资源，帮助解决开发过程中的问题。

5）成本：考虑工具的购买成本和维护成本。对于预算有限的项目，可能需要选择免费或成本较低的解决方案。

6）环境适应性：考虑工具是否支持跨平台开发，以及能否在不同的操作系统和设备上运行。

7）安全性和稳定性：选择一个经过良好测试、稳定且具有良好安全记录的工具，以减少潜在的安全风险和故障。

根据这些准则，开发团队可以评估和选择最合适的开发工具，以支持项目的成功开发和交付。

3.2 编译环境的配置和使用

编译环境的配置和使用是软件开发过程中的关键步骤,它确保了源代码能够被正确地转换成可执行文件。

3.2.1 编译环境配置步骤

(1)通用指南

以下是一些关于编译环境配置和使用的通用指南。

1)安装编译器。根据编程语言选择合适的编译器。例如,对于 C 和 C++,常用的编译器有 GCC、Clang 和 MSVC;对于 Java,有 Javac;对于 Python,有 PyPy 等。

2)设置环境变量。为了让操作系统能够找到编译器,通常需要设置环境变量。在 Unix-like 系统中,通常涉及修改 Path 变量;在 Windows 系统中,需要修改操作系统环境变量。

3)安装依赖库。如果代码依赖于外部库,需要安装这些库以及它们的开发文件(头文件和链接库)。

4)配置构建系统。选择一个构建系统(如 Make、CMake、Maven、Gradle 等),并根据项目需求配置构建脚本。

5)检查集成开发环境(IDE)。如果使用 IDE,通常 IDE 会自动配置编译环境。确保 IDE 中配置的编译器和工具链与项目需求相匹配。

(2)Visual Studio Code 下配置 C++ 环境实例

以 WIN10 64 位系统下 Visual Studio Code 配置 C++ 环境为例,详细介绍每一步具体操作。

1)安装编译器。进入 https://sourceforge.net/projects/mingw-w64/files/ 下载 MinGW,进入网站后不要单击"Download Lasted Version",从页面中找到"x86_64-posix-she"并单击开始下载任务,如图 3-5 所示。

将下载到的压缩包解压后,把 mingw64 目录移动到安装的位置即可。

2)设置环境变量。配置 MinGW 安装的访问路径,比如 C:\Program Files\mingw64。具体操作如图 3-6 所示。

验证环境变量是否配置成功,按 <win+R> 键,输入"cmd",按 <Enter> 键后输入"g++",再按 <Enter> 键,如果提示图 3-7 所示信息,则表明环境变量配置成功。

3)安装依赖库。下载并安装 Visual Studio Code,打开软件,按照以下步骤安装 C/C++ 扩展插件工具:首先选择扩展工具栏,然后搜索"C++"关键字,最后选择 C/C++ 插件进行安装,如图 3-8 所示。其他辅助插件的安装也遵循类似的步骤。

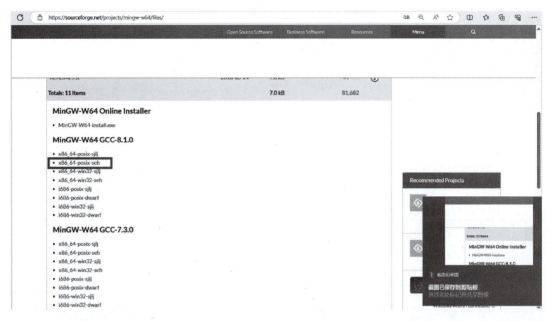

图 3-5　下载 MinGW

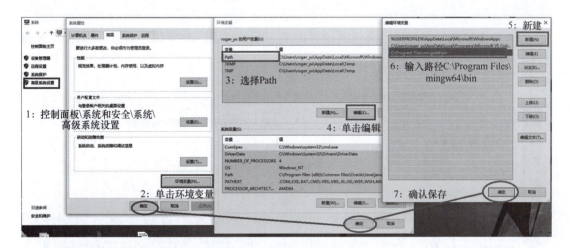

图 3-6　设置环境变量

图 3-7　配置成功提示信息

图 3-8　安装依赖库

4）配置构建系统。使用简单的 .cpp 文件配置 C++ 环境。新建 HelloWorld.cpp 文件内容如下：'

```
#include <iostream>
Using namespace std;
int main()
{
    Cout<<"Hello World!"<<endl;
    Return 0;
}
```

5）检查集成开发环境。进入调试界面添加配置环境，选择 C++(GDB/LLDB)，再选择 g++.exe，之后会自动生成 launch.json 配置文件，如图 3-9 所示。

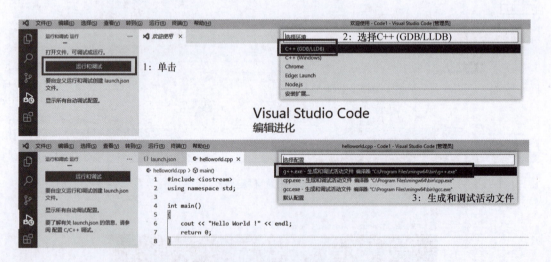

图 3-9　生成配置文件

编辑 launch.json 配置文件，主要修改 "externalConsole": true，如图 3-10 所示。

经过上述配置后，就可以运行 C++ 程序了。返回 HelloWorld.cpp 文件，在 return 语句前设置一个断点，按 <F5> 键进行调试，输出结果如图 3-11 所示。

第3章 智能产品开发工具

```cpp
{
    // 使用 IntelliSense 了解相关属性。
    // 悬停以查看现有属性的描述。
    // 欲了解更多信息，请访问: https://go.microsoft.com/fwlink/?linkid=830387
    "version": "0.2.0",
    "configurations": [
        {
            "name": "g++.exe - 生成和调试活动文件",
            "type": "cppdbg",
            "request": "launch",
            "program": "${fileDirname}\\${fileBasenameNoExtension}.exe",
            "args": [],
            "stopAtEntry": false,
            "cwd": "${fileDirname}",
            "environment": [],
            "externalConsole": true, // 修改此项为true,运行时可以弹出console终端
            "MIMode": "gdb",
            "miDebuggerPath": "C:\\Program Files\\mingw64\\bin\\gdb.exe",
            "setupCommands": [
                {
                    "description": "为 gdb 启用整齐打印",
                    "text": "-enable-pretty-printing",
                    "ignoreFailures": true
                }
            ],
            "preLaunchTask": "C/C++: g++.exe 生成活动文件"
        }
    ]
}
```

图 3-10 修改配置文件

图 3-11 输出结果

3.2.2 编译环境使用技巧

在使用编译环境时，掌握一些技巧可以帮助提高效率和减少错误。一些实用的编译环境使用技巧如下：

1）熟悉命令行参数：学习如何使用编译器的命令行参数，如指定优化级别（-O）、警告级别（-Wall）、调试信息（-g）等。

2）利用构建脚本：对于大型项目，使用 Makefile、CMakeLists.txt 或其他构建脚本来自动化构建过程，可以节省时间并减少错误。

3）编写可重用的代码：尽量编写模块化和可重用的代码，这样可以在不同的项目间共享代码，减少重复工作。

4）使用环境变量：合理设置环境变量，如 Path、C_INCLUDE_PATH、CPLUS_INCLUDE_PATH 等，以便编译器能够找到所需的头文件和库文件。

5）版本控制：使用版本控制系统（如 Git）来管理源代码和构建脚本，以便跟踪变更、协作和回滚错误。

6）代码审查：定期进行代码审查，以发现和解决潜在的问题，并促进团队间的知识共享。

7）使用调试工具：熟悉调试工具（如 GDB）的使用，以便能够有效地追踪和修正错误。

8）文档化构建过程：记录构建过程和依赖关系，以便新加入的开发人员能够快速上手项目。

9）保持环境一致性：确保开发、测试和生产环境的配置一致，以避免环境差异导致的问题。

10）监控构建结果：关注构建日志和测试结果，确保及时发现并解决问题。

通过这些技巧，开发人员可以更加有效地使用编译环境，提高开发效率，并确保软件质量。每个项目和环境都有其特殊性，因此这些技巧可能需要根据具体情况进行调整。

3.3 开发工具和编译环境的调试和优化

3.3.1 开发环境的调试方法论

在软件开发过程中，调试是每个开发人员都会遇到的工作。无论是初学者还是经验丰富的专家，都需要掌握各种调试技术来解决代码中的问题。本节将探讨开发环境中常见的调试方法，包括断点调试、日志输出等，帮助读者更好地掌握这些技术，以便在实践中不断提升自己的调试能力。

（1）断点调试

断点调试是调试过程中最常用也是最基础的技术之一。通过在代码中设置断点，可以让程序在特定的位置停止执行，从而可以逐行地检查代码的执行过程，观察变量的值以及程序的状态。以下是使用断点调试的基本步骤：

1）在代码编辑器中单击代码行号处，设置断点。

2）运行程序并触发断点。

3）使用调试器查看当前代码执行状态，包括变量的值、调用堆栈等信息。

4）逐行执行代码，观察程序的行为并分析问题所在。

下面介绍在 ubuntu18.04 系统下，通过 Visual Studio Code 编译器进行断点调试：

1）在 Visual Studio Code 中创建或打开一个 C++ 项目，并确保该项目中有一个 launch.json 文件，用于配置调试器。在 Visual Studio Code 中单击 Debug 视图中的齿轮图标，选择"C++ (GDB/LLDB)"，然后选择"g++ build and debug active file"。这会在项目中生成一个 launch.json 文件，用于配置调试器。也可以手动创建一个 launch.json 文件。

2）配置 launch.json 文件，如图 3-12 所示。

```
{
    "version": "0.2",
    "configurations": [
        {
            "name": "Debug",
            "type": "cppdbg",
            "request": "launch",
            "program": "${fileDirname}/${fileBasenameNoExtension}",
            "args": [],
            "stopAtEntry": false,
            "cwd": "${fileDirname}",
            "environment": [],
            "externalConsole": false,
            "MIMode": "gdb",
            "setupCommands": [
                {
                    "description": "Enable pretty-printing for gdb",
                    "text": "-enable-pretty-printing",
                    "ignoreFailures": true
                }
            ],
            "preLaunchTask": "C/C++: g++ build active file"
        }
    ]
}
```

图 3-12　配置 launch.json 文件

在这个配置中，使用了 GDB 调试器，指定了调试的可执行文件和一些调试选项。

3）设置断点：在想要设置断点的行上单击编辑器的左边缘，或者在代码中单击一行并按下 <F9> 键来设置断点。

4）启动调试：单击 Visual Studio Code 的 Debug 视图中的绿色箭头按钮，或者按 <F5> 键来启动调试。程序将在第一个断点处停止。

5）调试操作：在程序停止后，可以使用调试器面板中的各种按钮（如"继续执行""单步执行"等）来控制程序的执行，还可以在 Watch 视图中监视变量的值，在调试控制台中查看输出信息。

（2）日志输出

日志输出是另一种常用的调试方法。通过在代码中插入日志语句，可以在程序执行过程中输出各种信息，如变量的值、函数的调用情况等。这些日志信息可以帮助理解程序的执行流程，并定位问题所在。以下是使用日志输出的基本步骤：

1）在代码中插入日志输出语句。在 C++ 中通常使用 std::cout 或者日志库（如 spdlog、

glog 等）来插入日志输出语句。

2）运行程序并观察日志输出。日志信息可以帮助了解程序的执行流程，并定位问题所在。除了观察日志信息外，还可以使用调试器（如 GDB、Visual Studio 中的调试器等）来单步执行代码并观察变量的值等信息。

3）定位问题并调试修正：根据日志信息定位问题所在，使用调试技术进一步调试和修正。除了日志输出外，还可以使用断点调试、内存检查工具等来帮助定位和解决问题。

下面列举两种日志输出的例子方便读者理解和使用。

1）使用标准的输出流 std::cout：

```cpp
int main() {
    std::cout <<"Debug message: Program started."<< std::endl;

    // 在代码中插入更多输出语句
    int x = 10;
    std::cout <<"Debug message: The value of x is"<< x << std::endl;

    // 更多的代码
    std::cout <<"Debug message: Progeam ended."<< x << std::endl;
    return 0;
}
```

2）使用日志库：可以选择一个适合的日志库，比如 spdlog 或 glog，在代码中使用它们来记录日志信息。这些日志信息可以输出到文件中，方便开发人员随时查看。

```cpp
int main() {
    // 设置日志记录器
    auto logger = spdlog::stdout_logger_mt("console");

    // 输出调试信息
    logger->info("Debug message: Program started.");

    // 在代码中插入更多日志输出语句
    int x= 10;logger->info("Debug message: The value of xis {}",x);
    // 更多的代码

    logger->info("Debug message: Program ended.");
    return 0;
}
```

（3）单元测试

单元测试是一种自动化测试方法，用于验证代码的各个单元（函数、方法）是否按照预期工作。通过编写单元测试用例，并使用单元测试框架来运行这些测试用例，可以快速发现代码中的问题，并确保代码的正确性。以下是使用单元测试的基本步骤：

1）编写单元测试用例，包括测试输入和期望输出。

2）使用单元测试框架运行测试用例，并查看测试结果。

3）根据测试结果修正代码中的问题，并重新运行测试用例，直到所有测试通过。

（4）性能分析

性能分析是用于评估代码性能并优化代码的一种重要技术。通过使用性能分析工具，可以识别代码中的性能瓶颈，并有针对性地进行优化，从而提高程序的执行效率。以下是使用性能分析的基本步骤：

1）使用性能分析工具对程序进行性能分析。

2）分析性能分析结果，识别性能瓶颈所在。

3）根据性能瓶颈进行代码优化，如改进算法、减少资源消耗等。

4）重新运行性能分析，并评估优化效果。

（5）版本控制和回滚

版本控制是管理代码变更的重要工具。通过使用版本控制系统，可以跟踪代码的历史版本，并在必要时回滚。这样可以快速恢复到之前的稳定版本，并排除由代码变更引起的问题。以下是使用版本控制和回滚的基本步骤：

1）使用版本控制系统如 Git、SVN 等，管理代码的变更。

2）在进行重大变更之前，创建代码的备份或标记稳定版本。

3）如果出现问题，使用版本控制系统回滚到之前的稳定版本。

4）分析问题所在，并对代码进行修正。

综上所述，调试是软件开发过程中不可或缺的一部分，掌握各种调试技术对于解决代码中的问题至关重要。通过断点调试、日志输出、单元测试、性能分析、版本控制和回滚等方法，可以更好地理解代码的执行过程，准确地定位问题，并有效地解决这些问题。

3.3.2 代码优化的一般原则、工具与技术

本节结合实例探讨代码优化的一般原则、工具与技术，旨在培养开发人员编写高效代码的能力。

（1）代码优化的一般原则

1）简洁性与可读性：简洁的代码通常更易于理解和维护。要避免过度设计和冗余代码，保持代码的简洁性和可读性是第一步。使用有意义的变量名和函数名，避免使用过长或含糊不清的名称。注释代码以解释复杂逻辑或特殊情况。

2)算法与数据结构优化:选择合适的算法和数据结构可以显著提高代码的性能。理解不同算法和数据结构的特点,并根据问题和需求进行选择。熟悉常见的算法和数据结构,如排序算法、搜索算法、树、图等,并根据具体情况选择最优解决方案。

3)编程范式与设计模式:采用合适的编程范式和设计模式可以提高代码的可维护性和可扩展性。理解不同的编程范式和设计模式,并根据需求进行选择和应用。熟悉常见的编程范式和设计模式,如面向对象编程、函数式编程、单例模式、工厂模式等,并在实际项目中应用和实践。

4)代码复用与模块化:重复利用已有的代码和模块可以减少重复劳动,提高代码的复用性和可维护性。将代码分解成小的模块,每个模块都负责单一功能。尽可能地重用已有的代码和模块,避免重复编写相似功能。将功能相似的代码封装成函数或类,以便在不同的地方复用。

实例:优化字符串拼接

下面将讨论如何优化字符串拼接的代码,以提高程序的执行效率。从一个简单的例子开始,逐步优化代码,展示不同优化技巧的应用。

初始代码如下:

```cpp
std::string concatenate_strings(const std::string &s1, const std;:string &s2)
{
    return s1 + s2;
}
int main()
{
    std::string result = concatenate_strings("Hello,","world!");
    std::cout << result << std::endl;
    return 0;
}
```

优化版本一:避免不必要的复制。在初始代码中,直接使用函数operator+操作符来拼接字符串,这可能会导致额外的内存分配和复制操作。为了避免这些不必要的复制,可以将目标字符串的大小预留好,并直接在预留的内存空间中进行拼接。

优化版本一代码如下:

```cpp
void concatenate_strings(const std::string& s1, const std::string& s2, std::string& result) {
    result.reserve(s1.size() + s2.size());
    result = s1;
    result += s2;
}
```

```cpp
int main() {
    std::string result;
    concatenate_strings("Hello,","world!", result);
    std::cout << result << std::endl;
    return 0;
}
```

在优化版本一中，使用了一个新的函数 concatenate_strings()，它包含三个参数：要拼接的两个字符串 s1 和 s2，以及一个输出参数 result，用于存储拼接后的结果。首先预留好 result 的内存空间，然后将 s1 的内容赋值给 result，并在 result 末尾添加 s2 的内容。

优化版本二：使用基于范围的循环。在优化版本一中，仍然使用了标准库提供的 operator+ 操作符来拼接字符串。这虽然避免了不必要的复制，但仍然可能会进行多次的字符复制操作，导致效率不高。

优化版本二代码如下：

```cpp
std::string concatenate_strings(const std::string& s1, const std::string& s2) {
    std::string result;
    result.reserve(s1.size() + s2.size());
    for (char c : s1) {
        result.push_back(c);
    }
    for (char c : s2) {
        result.push_back(c);
    }
    return result;
}

int main() {
    std::string result = concatenate_strings("Hello,","world!");
    std::cout << result << std::endl;
    return 0;
}
```

在优化版本二中，使用基于范围的循环来遍历 s1 和 s2 中的字符，并将它们逐个添加到 result 中。这样做可以减少内存分配和复制操作，提高程序的执行效率。

（2）C++ 代码优化的工具与技术

1）性能分析工具：C++ 提供了各种性能分析工具，如 GNU gprof、Valgrind、Google

Performance Tools 等。例如,GNU gprof 可以生成函数级别的性能分析报告,Valgrind 可以检测内存泄漏和性能问题,Google Performance Tools 提供了更加细致的性能分析功能。开发人员可以了解代码中哪些部分消耗了大量时间和资源,从而有针对性地进行优化。

2)编译器优化选项:C++ 编译器提供了许多优化选项,通过调整这些选项,可以改善生成的机器码的性能和效率。常见的选项包括"-O2"和"-O3",它们会启用不同级别的优化,提高代码的执行效率和响应速度。

3)静态代码分析工具:静态代码分析工具(如 Clang Static Analyzer、Cppcheck)用于检测代码中的潜在问题和错误。这些工具用于在编译前检测代码中的潜在问题和错误,如未初始化的变量、内存泄漏等。通过使用静态代码分析工具,开发人员可以提高代码的质量和稳定性,降低出现问题的可能性。

3.4 课后思考题

1. 以下计算阶乘的函数存在逻辑错误,请使用本章提到的方法进行调试和优化。

```
int factorial(int n) {
    int result = 1;
    for (int i = 1; i <= n; ++i) {
        result *= i;
    }
    return result;
}
int main() {
    // 测试
    std::cout << factorial(5) << std::endl;    // 应该输出 120
    std::cout << factorial(0) << std::endl;    // 应该输出 1
    return 0;
}
```

2. 以下字符串反转函数中有错误,请使用本章提到的方法进行调试和优化。

```
std::string reverse_string(std::string s) {
    std::string reversed_str = "";
    for (int i = 0; i < s.length(); ++i) {
        reversed_str += s[i];
    }
    return reversed_str;
}
```

```cpp
int main() {
    // 测试
    std::cout << reverse_string("hello") << std::endl;  // 应该输出 "olleh"
    std::cout << reverse_string("world") << std::endl;  // 应该输出 "dlrow"
    return 0;
}
```

3. 请介绍常用的开发工具和编译环境,包括编辑器、IDE、编译器等。

科学家科学史
"两弹一星"功勋科学家:王希季

第 4 章

智能产品中进程间数据共享

课件PPT

4.1 进程间通信

4.1.1 进程间通信概述

进程是计算机系统分配资源的最小单位（严格说来最小单位是线程）。每个进程都有不同的用户地址空间，任何一个进程的全局变量在另一个进程中都是看不到的，所以进程之间想要交换数据必须通过内核，即在内核中开辟一块缓冲区，进程 1 把数据从用户空间复制到内核缓冲区，进程 2 再从内核缓冲区把数据读走。内核提供的这种机制称为进程间通信（IPC）。

通常，使用进程间通信的两个应用可以被分为客户端和服务器（常见于主从式架构）。客户端进程请求数据，服务端响应客户端的数据请求。一些应用本身既是服务器又是客户端，它们在分布式计算中很常见。这些应用可以运行在同一计算机上或网络连接的不同计算机上。

进程间通信对微内核和 Nano 内核的设计过程非常重要。微内核减少了内核提供的功能数量，然后通过进程间通信与服务器通信获得这些功能，与普通的宏内核相比，进程间通信的数量大幅增加。

4.1.2 基本原理和常用方法

常见的进程间通信有 7 种方式，即管道 / 匿名管道、有名管道、信号、消息队列、共享内存、信号量和套接字。

（1）管道 / 匿名管道

管道的本质是一个内核缓冲区，进程以先进先出的方式从缓冲区存取数据。管道一端的进程顺序地将数据写入缓冲区，另一端的进程则顺序地读取数据。该缓冲区可以看作一个循环队列，读和写的位置都是自动增长的，不能随意改变。一个数据只能被读一次，被读出来以后在缓冲区中就不复存在了。当缓冲区读空或者写满时，由一定的规则控制相应的读进程或者写进程进入等待队列。当空的缓冲区有新数据写入或者满的缓冲区有数据被读出来时，等待队列中的进程被唤醒以便继续读写。

管道是半双工的，数据只能向一个方向流动。当需要双方通信时，需要建立起两个管道。对于管道两端的进程而言，管道就是一个文件，但它不是普通的文件。它不属于某种文件系统，而是自立门户，单独构成一种文件系统，并且只存在于内存中。一个进程写入管道的内容被管道另一端的进程读出。写入的内容每次都添加在管道缓冲区的末尾，并且每次都从缓冲区的头部读出数据。

（2）有名管道

上面介绍的管道属于匿名管道，由于没有名字，因此只能用于亲缘关系的进程间通信。为了克服这个缺点，技术人员提出了有名管道的概念。有名管道不同于匿名管道，它提供了一个路径名与之关联，以有名管道的文件形式存在于文件系统中。这样，即使某进程与有名管道的创建进程不存在亲缘关系，只要它可以访问该路径，就能够彼此通过有名管道相互通信。因此，通过有名管道，不相关的进程也能交换数据。值得注意的是，有名管道严格遵循先进先出（FIFO）原则。对匿名管道及有名管道的读总是从开始处返回数据，对它们的写则把数据添加到末尾。它们不支持诸如 lseek() 等文件定位操作。有名管道的名字存放在文件系统中，内容存放在内存中。

关于匿名管道和有名管道总结如下：

1）管道是特殊类型的文件，在遵循先进先出的原则时可以进行读写，但不能进行定位读写。

2）匿名管道是单向的，只能在有亲缘关系的进程间通信；有名管道以磁盘文件的方式存在，可以实现本机任意两个进程间通信。

3）无名管道阻塞问题：无名管道无需显示打开，创建时直接返回文件描述符，在读写时需要确定待读写对象的存在，否则将退出。如果当前进程向无名管道的一端写数据，则必须确定另一端有某一进程。如果写入无名管道的数据超过其最大值，写操作将被阻塞；如果管道中没有数据，读操作将被阻塞；如果管道发现另一端断开，将自动退出。

4）有名管道阻塞问题：有名管道在打开时需要确定待读写对象的存在，否则将阻塞。也就是说，以读方式打开某管道之前，必须有一个进程以写方式打开管道，否则会阻塞。此外，可以以读写（O_RDWR）方式打开有名管道，即当前进程读，当前进程写，不会阻塞。

（3）信号

信号是 Linux 系统中用于进程间通信或者操作的一种机制，信号可以在任何时候发给某一进程，而无须知道该进程的状态。如果该进程当前并未处于执行状态，则该信号就由内核保存起来，直到该进程恢复执行状态并收到该信号为止。如果一个信号被进程设置为阻塞，则该信号的传递被延迟，直到其阻塞被取消时才被传递给进程。

信号是软件层次上对中断机制的一种模拟，是一种异步通信方式。信号可以在用户空间进程和内核之间直接交互，内核可以利用信号来通知用户空间的进程发生了哪些系统事件。信号的事件主要有两个来源：①硬件来源，用户按 <Ctrl+C> 键退出、硬件异常如无效的存储访问等；②软件终止，软件发出终止进程信号、进程调用 kill 函数。

以下是 Linux 系统中常用的信号：

1）SIGHUP：用户从终端注销信号，所有已启动进程都将收到该信号。系统默认状态下对该信号的处理是终止进程。

2）SIGINT：程序终止信号。程序运行过程中，按 <Ctrl+C> 键将产生该信号。

3）SIGQUIT：程序退出信号。程序运行过程中，按 <Ctrl+\+\> 键将产生该信号。

4）SIGBUS 和 SIGSEGV：进程访问非法地址信号。

5）SIGFPE：运算中出现致命错误，如除零操作、数据溢出等时的信号。

6）SIGKILL：用户终止进程执行信号。shell 下执行 kill-9 发送该信号。

7）SIGTERM：结束进程信号。shell 下执行 kill 进程 pid 发送该信号。

8）SIGALRM：定时器信号。

9）SIGCLD：子进程退出信号。如果父进程没有忽略该信号也没有处理该信号，则子进程退出后将形成僵尸进程。

信号存在生命周期，其处理流程如下：

1）信号被某个进程产生，该进程同时设置此信号传递的对象进程（一般为对应进程的 pid），然后传递给操作系统。

2）操作系统根据接收进程的设置（是否阻塞）而选择性地将该信号发送给接收进程。如果接收进程阻塞该信号（且该信号是可以阻塞的），操作系统将暂时保留该信号，而不传递，直到接收进程解除了对该信号的阻塞（如果对应接收进程已经退出，则丢弃该信号）；如果对应接收进程没有阻塞，操作系统将传递该信号。

3）接收进程接收到该信号后，将根据当前进程对该信号设置的预处理方式，暂时终止当前代码的执行，保护上下文（主要包括临时寄存器数据、当前程序位置以及当前 CPU 的状态），转而执行中断服务程序，执行完成后再恢复到中断的位置。当然，对于抢占式内核，在中断返回时还将引发新的调度（即抢占之前的线程）。

（4）消息队列

消息队列是存放在内核中的消息链表，每个消息队列都由消息队列标识符表示。与管道（匿名管道：只存在于内存中的文件；有名管道：存在于实际的磁盘介质或者文件系统）不同的是消息队列存放在内核中，只有在内核重启（即操作系统重启）或者显式地删除这个消息队列时，该消息队列才会被真正删除。另外与管道不同的是，消息队列在某个进程向其写入消息之前，并不需要另外某个进程在该消息队列上等待消息的到达。

消息队列具有如下特点：

1）消息队列是消息的链表，具有特定的格式，存放在内核中并由消息队列标识符标识。

2）消息队列允许一个或多个进程向其写入与读取消息。

3）管道和消息队列的通信数据都遵循先进先出的原则。

4）消息队列可以实现对消息的随机查询，消息不一定要以先进先出的次序读取，也可以按消息的类型读取，比先进先出更有优势。

5）消息队列克服了信号承载信息量少、管道只能承载无格式字节流以及缓冲区大小受限等缺点。

6）目前主要有两种类型的消息队列：POSIX 消息队列以及 System V 消息队列，其中 System V 消息队列目前被大量使用。System V 消息队列是随内核持续的，只有在内核重启或者被人工删除时，该消息队列才会被删除。

（5）共享内存

共享内存是一种进程间的通信机制，并且也是最底层的一种机制。进程之间通过访问一个共享的空间，来进行数据的通信（交换）。共享内存示意图如图 4-1 所示。具体来讲，就是将一个物理内存映射到不同进程的虚拟地址空间，这样每个进程都可以读写相同的物理内存。共享内存是速度最快的一种进程间通信方式，它直接对内存进行存取，比操作系统提供的读写系统服务更快。由于多个进程对同一个物理内存进行读写时必然会出现同步的问题，所以一般情况下共享内存会和信号量或者锁机制一同使用，保证数据的一致性。

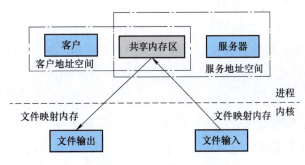

图 4-1　共享内存示意图

（6）信号量

信号量是一个计数器，用于多进程对共享数据的访问。信号量的意图在于进程间同步。为了获得共享资源，进程需要执行下列操作：

1）创建一个信号量：这要求调用者指定初始值。对于二值信号量来说，初始值通常是 1，也可以是 0。

2）等待一个信号量：该操作会测试这个信号量的值，如果小于或等于 0 就阻塞，如果大于 0，则将信号量的值减 1，也称为 P 操作。

3）挂出一个信号量：该操作将信号量的值加 1，也称为 V 操作。

为了正确地实现信号量，信号量值的测试及减 1 操作应当是原子操作。为此，信号量通常是在内核中实现的。在 Linux 环境中，有三种类型：POSIX（可移植性操作系统接口）有名信号量（使用 POSIX IPC 名字标识）、POSIX 基于内存的信号量（存放在共享内存区中）、System V 信号量（在内核中维护）。这三种信号量都可用于进程间或线程间的同步。

信号量与普通整型变量有以下区别：信号量是非负整型变量，除了初始化之外，它只能通过两个标准原子操作 wait(semap) 和 signal(semap) 来访问；普通整型变量则可以在任何语句块中被访问。

信号量操作也被称为 PV 原语（P 来源于荷兰语 proberen，是测试的意思；V 来源于荷兰语 verhogen，是增加的意思）。P 表示通过，V 表示释放。

信号量与互斥量有以下区别：

1）互斥量用于线程的互斥，信号量用于线程的同步。这是互斥量和信号量的根本区别，也就是互斥和同步之间的区别。互斥是指某一资源同时只允许一个访问者对其进行访问，具有唯一性和排他性。但是互斥无法限制访问者对资源的访问顺序，即访问是无序的。同步是指在互斥的基础上，通过其他机制实现访问者对资源的有序访问。在大多数情况下，同步已经实现了互斥，特别是所有写入资源的情况必定是互斥的。在少数情况下，允许多个访问者同时访问资源。

2）互斥量值只能为 0 或 1，信号量值可以为非负整数。也就是说，一个互斥量只能用于一个资源的互斥访问，它不能实现多个资源的多线程互斥。信号量可以实现多个同类资源的多线程互斥和同步。当信号量为单值信号量时，也可以完成一个资源的互斥访问。

3）互斥量的加锁和解锁必须由同一线程分别对应使用；信号量可以由一个线程释放，由另一个线程得到。

（7）套接字

套接字是一种通信机制，凭借这种机制，客户端/服务器（即要进行通信的进程）系统的开发工作既可以在本地单机上进行，也可以跨网络进行。也就是说，套接字可以使不在同一台计算机上但通过网络相连接的计算机上的进程能够通信。

套接字是支持 TCP/IP 的网络通信的基本操作单元，可以看作不同主机之间进程进行双向通信的端点。简单地说，通信两方约定，用套接字中的相关函数来完成通信过程。

套接字的特性由三个属性确定：域、端口号、协议类型。

1）域：它指定套接字通信中使用的网络介质。最常见的套接字的域有两种：一种是 AF_INET，它指的是互联网（Internet）。当客户端使用套接字进行跨网络连接时，它就需要用到服务器的 IP 地址和端口来指定一台联网机器上的某个特定服务。所以，在使用

Socket 作为通信的终点时，服务器应用程序必须在开始通信之前绑定一个端口，服务器在指定的端口等待客户端的连接。另一种是 AF_UNIX，它指的是 UNIX 文件系统。它就是文件输入/输出，而它的地址就是文件名。

2）端口号：每一个基于 TCP/IP 网络通信的程序(进程)都被赋予了唯一的端口和端口号。端口是一个信息缓冲区，用于保留 Socket 中的输入/输出信息；端口号是一个 16 位无符号整数，范围是 0 ~ 65535，以区别主机上的每一个程序（端口号就像房屋中的房间号）。低于 256 的端口号保留给标准应用程序，比如 POP3 的端口号就是 110。每一个套接字都组合了 IP 地址、端口，这样形成的整体就可以区别每一个套接字。

3）协议类型：协议类型包含流套接字、数据报套接字和原始套接字。流套接字在域中通过 TCP/IP 连接实现，同时也是 AF_UNIX 中常用的套接字类型。流套接字提供的是一个有序、可靠、双向字节流的连接，因此可以确保发送的数据不会丢失、重复或乱序到达，而且它还有出错后重新发送的机制。数据报套接字不需要建立连接和维持连接，它在域中通常是通过 UDP/IP 实现的。它对可以发送的数据的长度有限制。数据报作为一个单独的网络消息被传输，它可能会丢失、被复制或乱序到达。UDP 不是一个可靠的协议，但是它的速度比较快，因为它并不需要总是建立和维持一个连接。原始套接字允许直接访问较低层次的协议，比如 IP、ICMP。它常用于检验新的协议实现，或者访问现有服务中配置的新设备。因为 RAW Socket 可以自如地控制 Windows 下的多种协议，能够对网络底层的传输机制进行控制，所以可以应用原始套接字来操纵网络层和传输层应用。比如，可以通过 RAW Socket 来接收发向本机的 ICMP、IGMP 协议包，或者接收 TCP/IP 栈不能处理的 IP 包，也可以用来发送一些自定包头或自定协议的 IP 包。网络监听技术很大程度上依赖于 SOCKET_RAW。

4.2 数据共享的实现和调试

4.2.1 数据共享实现技术

进程间数据共享的实现方式主要包含三类：①通过文件，比如命名管道文件，相互通信的进程通过访问同一磁盘文件实现数据交换。这种方式需要使用 read、write 等系统调用，具有效率低下、速度慢等缺点。②通过内核，比如消息队列。这种方式需要进行用户、内核的内存复制，具有开销大、效率低、速度慢等缺点。③通过共享内存。这种方式具有读写速度快、无须数据复制、系统调用等操作，效率高等优点。由于共享内存优势明显，因此在智能产品中多使用共享内存，下面重点介绍该类方式。

（1）共享内存实现原理

每个进程都有独立的虚拟空间地址，通过内存管理单元（MMU）将虚拟地址与物理地址进行映射。每个进程的虚拟地址都会映射到不同的物理地址上,每个进程在物理内存空间中都是相互独立和隔离的。共享内存通过分配一块共享的物理内存,并将其挂接到互通信息的进程的虚拟地址空间中,实现虚拟地址空间到共享物理内存的映射,如图 4-2 所示。

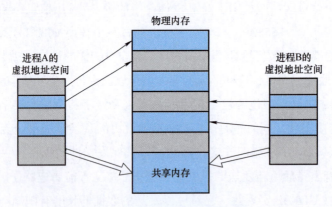

图 4-2　共享内存地址映射原理图

(2)共享内存管理数据结构

内核为每一个共享内存段维护一个特殊的数据结构,这就是 shmid_ds,这个结构在 include/linux/shm.h 中定义。shmid_ds 数据结构定义如下:

```
struct shmid_ds{
    struct ipc_perm  shm_perm; /*所有者和权限*/
    size_t shm_segsz; /*段大小,以字节为单位*/
    time_t shm_atime; /*最后挂接时间*/
    time_t shm_dtime; /*最后取出时间*/
    time_t shm_ctime; /*最后修改时间*/
    pid_t  shm_cpid; /*建立者的PID */
    pid_t  shm_lpid; /*最后调用函数 shmat ()/shmdt ()*/
    shmat_t shm_nattch; /*现在挂接的数量*/
}
```

下面介绍几种与共享内存相关的函数原型。

1) shmget ():创建共享内存。

其函数原型为:

```
#include<sys/shm.h>
int shmget(key_t key, size_t size, int shmflg);
```

参数 key:由 ftok 生成的 key 标识,标识系统的唯一 IPC 资源。

参数 size：需要申请共享内存的大小。在操作系统中，申请共享内存的最小单位为页，一页是 4kB，为了避免内存碎片，一般申请内存大小为页的整数倍。

参数 shmflg：如果要创建新的共享内存，需要使用 IPC_CREAT 和 IPC_EXCL；如果申请已经存在的，可以使用 IPC_CREAT 或直接传 0。

返回值：成功时返回一个新建或已经存在的共享内存标识符，它取决于 shmflg 的参数。失败时返回 -1 并设置错误码。

2）shmat()：挂接共享内存。

其函数原型为：

```
#include<sys/shm.h>
void *shmat(int shmid, const void *shmaddr, int shmflg);
```

参数 shmid：共享存储段的标识符。

参数 shmaddr：用来指定共享内存映射到当前进程中的地址。shmaddr = 0，则存储段连接到由内核选择的第一个可用的地址上（推荐使用）。在调用 shmat() 函数时，需要传递一个 shmaddr 参数。将 shmaddr 参数设置为（void*）0，系统将自动选择一个合适的地址附加共享内存，这样有利于降低程序对硬件的依赖性。

参数 shmflg：共享内存操作标志。设置为 SHM_RND 时可以帮助在附加共享内存时进行地址对齐操作。

返回值：成功时返回共享存储段的指针（虚拟地址），并且内核将 shm_nattch 计数器加 1（类似于引用计数）；出错时返回 -1。共享存储段与进程的地址空间相关联，进程可以通过返回的虚拟地址访问共享存储段的内容。内核通过管理 shm_nattch 计数器追踪当前有多少个进程正在使用该共享存储段。

3）shmdt()：去关联共享内存。

其函数原型为：

```
#include<sys/shm.h>
int shmdt(const void *shmaddr);
```

当一个进程不需要共享内存时，就需要去关联。该函数并不删除所指定的共享内存区，而是将之前用 shmat() 函数连接好的共享内存区脱离目前的进程。

参数 *shmaddr：连接以后返回的地址。

返回值：成功时返回 0，并将 shmid_ds 结构中的 shm_nattch 计数器减 1；出错时返回 -1。

4）shmctl()：销毁共享内存。

其函数原型为：

```
#include<sys/shm.h>
int shmctl(int shmid, int cmd, struct shmid_ds *buf);
```

参数 shmid：共享存储段标识符。

参数 cmd：指定的执行操作，设置为 IPC_RMID 时表示可以删除共享内存。

参数 *buf：设置为 NULL 即可。

返回值：成功时返回 0，失败时返回-1。

（3）共享内存实现示例

下面提供了一个简单的共享内存实现示例，其中 Server.c 负责从共享内存中读取并打印数据，以实现进程间的通信，而 Client.c 负责将数据"你好，共享内存！"写入共享内存。Server.c 的代码如下：

```
#include <sys/types.h>
#include <sys/ipc.h>
#include <sys/shm.h>
#include <stdio.h>

int main(void)
{
    key_t key;
    int shmid;/*系统唯一性标识ipc*//*共享内存标识*/
    char *shms;/*共享内存挂接后的地址*/
    struct shmid_ds shmbuf;
    pid_t p;/*进程号*/
    key = ftok(".", 1);/*生成系统唯一标识ipc*/
    if(key<0)
    {
        perror("ftok failed");
        return 1;
    }

    shmid=shmget(key,1024,IPC_CREAT|0600);/*获得共享内存,大小为1024Byte*/
    if(shmid<0)
    {
        perror("shmget failed");
        return 2;
    }

    shms=(char *)shmat(shmid, NULL, 0);/*挂接共享内存*/
    printf("shmat success!\n");
```

```
        while(strlen(shms)==0)
        {
            sleep(1);
            printf("%s\n",shms);
        }
        shmdt(shms);
        printf("shmdt success!\n");
        shmctl(shmid,IPC_RMID,&shmbuf);/*删除共享内存*/
        return 0;
}
```

Client.c 的代码如下:

```
#include <sys/types.h>
#include <sys/ipc.h>
#include <sys/shm.h>
#include <stdio.h>
#include <string.h>

static char msg[]="你好,共享内存!\n";
int main(void)
{
    key_t key;    /*系统唯一性标识ipc*/
    int shmid;    /*共享内存标识*/
    char *shmc;   /*共享内存挂接后的地址*/
    struct shmid_ds shmbuf;
    pid_t p;      /*进程号*/
    key = ftok(".", 1); /*生成系统唯一标识ipc*/
    if(key<0)
    {
        perror("ftok failed");
        return 1;
    }

    shmid= shmget(key, 1024,IPC_CREAT|0600);/*获得共享内存,大小为1024Byte*/
    if(shmid<0)
    {
        perror("shmget failed\n");
        return 2;
    }
```

```
    shmc=(char *)shmat(shmid, NULL, 0);/*挂接共享内存*/
    printf("shmat success!");
    memcpy(shmc, msg, strlen(msg) +1);/*复制内容到共享内存*/
    sleep(15);
    shmdt(shmc);
    printf("shmdt success!\n");
    shmctl(shmid,IPC_RMID,&shmbuf);
    return 0;
}
```

Server.c 文件运行结果如图 4-3 所示。

Client.c 文件运行结果如图 4-4 所示。

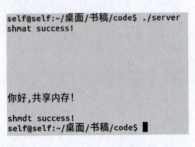

图 4-3　Server.c 文件运行结果　　　　图 4-4　Client.c 文件运行结果

4.2.2　数据共享调试方法

在智能产品开发中，数据共享是实现不同进程间信息交换与协同工作的关键技术。然而，数据共享过程中可能会遇到各种问题，这些问题如果不及时解决，将会对产品的性能和稳定性产生严重影响。下面将介绍数据共享过程中可能出现的问题以及相应的调试方法。

（1）竞态条件（Race Conditions）

问题描述：当多个进程同时访问共享数据，并且对数据的操作顺序影响最终结果时，可能会导致竞态条件。

调试方法：使用互斥锁（Mutex）或其他同步机制来确保对共享数据的访问是原子性的，避免多个进程同时修改共享数据。

（2）死锁（Deadlocks）

问题描述：当两个或多个进程相互等待对方释放资源时，可能会导致死锁，进程无法继续执行。

调试方法：分析死锁的原因，并设计合适的算法避免死锁，或者使用死锁检测和恢复机制来解决问题。

（3）数据一致性（Data Consistency）

问题描述：在多个进程之间共享数据时，可能会出现数据一致性问题，即数据的状态不一致。

调试方法：使用事务机制或者读写锁（Read-Write Lock）来保证数据的一致性，确保对数据的操作是原子性的。

（4）性能瓶颈（Performance Bottlenecks）

问题描述：过多的数据共享可能会导致性能瓶颈，影响系统的响应速度和吞吐量。

调试方法：优化数据共享的设计，减少不必要的数据传输和访问，提高系统的并发能力和效率。

（5）资源泄漏（Resource Leaks）

问题描述：未正确释放共享资源可能会导致资源泄漏，消耗系统的资源并最终导致系统崩溃。

调试方法：确保在使用完共享资源后及时释放资源，使用资源管理工具进行监控和调试。

（6）访问控制（Access Control）

问题描述：不正确的访问控制可能导致未经授权的进程访问共享数据，造成安全漏洞。

调试方法：使用访问权限控制机制，限制对共享数据的访问权限，并确保只有授权的进程才可以访问共享数据。

以上是在智能产品开发过程中可能出现的数据共享问题以及相应的调试方法。通过合适的调试和优化措施可以解决这些问题，从而提高智能产品的性能和稳定性，确保智能产品能够顺利运行并满足用户需求。

4.3 智能产品中进程间数据共享的应用案例

4.3.1 案例一：媒体处理进程与算法分析进程的协作

媒体处理进程与算法分析进程通过多个共享内存共享多路通道解码后的图像数据（YUV、RGB 等）。媒体处理进程与算法分析进程共享算法检测结果，对所对应的解码后图像数据进行处理，编码成对应的 JPEG 图片。

1. 代码架构

1）媒体处理进程：负责视频数据的接收、解码，以及将解码后的图像数据写入共享内存。

2）算法分析进程：负责从共享内存中读取解码后的图像数据并分析，将检测结果写入共享内存。

3)共享内存:作为媒体处理进程和算法分析进程之间的通信桥梁,实现数据交换和同步。

2. 代码示例

案例一使用 POSIX 共享内存来实现两个进程之间的数据共享。管理共享内存的代码示例如下:

```cpp
#include <iostream>
#include <sys/mman.h>
#include <fcntl.h>
#include <unistd.h>
#include <cstring>

// 共享内存名称
const char *SHM_NAME = "/shared_memory";
const size_t SHM_SIZE = 1024 * 1024; // 1MB

void *create_shared_memory(size_t size) {
    int shm_fd = shm_open(SHM_NAME, O_CREAT | O_RDWR, 0666);
    if (shm_fd == -1) {
        perror("shm_open");
        exit(1);
    }
    if(ftruncate(shm_fd, size) == -1) {
        perror("ftruncate");
        exit(1);
    }
    void *ptr = mmap(0, size, PROT_READ | PROT_WRITE, MAP_SHARED, shm_fd, 0);
    if(ptr == MAP_FAILED) {
        perror("mmap");
        exit(1);
    }
    return ptr;
}
```

媒体处理进程负责接收视频数据,将其解码为图像数据(如 YUV、RGB 格式),并将数据写入共享内存。媒体处理进程的代码示例如下:

```cpp
void media_processing() {
    void *shared_memory = create_shared_memory(SHM_SIZE);
```

```cpp
    // 假设解码后的图像数据
    const char *decoded_image_data = "Decoded YUV/RGB Image Data";
    size_t data_length = strlen(decoded_image_data) + 1;

    // 将解码后的图像数据写入共享内存
    memcpy(shared_memory, decoded_image_data, data_length);
    std::cout <<"Media Processing: Written decoded image data to shared memory.\n";

    // 通知算法分析进程数据已准备好
    // 这里可以使用信号量或其他同步机制
}
```

算法分析进程从共享内存中读取解码后的图像数据,进行分析(如目标检测、人脸识别等),并将结果写入共享内存。算法分析进程的代码示例如下:

```cpp
void algorithm_analysis() {
    void *shared_memory = create_shared_memory(SHM_SIZE);

    // 从共享内存读取解码后的图像数据
    char image_data[256];
    memcpy(image_data, shared_memory, 256);
    std::cout <<"Algorithm Analysis: Read image data from shared memory: " << image_data << "\n";

    // 进行算法分析(伪代码)
    const char *analysis_result = "Detection Result: Face Detected";
    size_t result_length = strlen(analysis_result) + 1;

    // 将算法检测结果写入共享内存
    memcpy(static_cast<char*>(shared_memory) + 256, analysis_result, result_length);
    std::cout << "Algorithm Analysis: Written analysis result to shared memory.\n";

    // 通知媒体处理进程结果已准备好
    // 这里可以使用信号量或其他同步机制
}
```

媒体处理进程读取算法分析进程的检测结果和图像数据,进行处理并编码成 JPEG 图片。处理和编码的代码示例如下:

```cpp
void result_processing_and_encoding() {
    void *shared_memory = create_shared_memory(SHM_SIZE);

    // 从共享内存读取算法检测结果
    char analysis_result[256];
    memcpy(analysis_result, static_cast<char*>(shared_memory) + 256, 256);
    std::cout << "Result Processing: Read analysis result from shared memory: " << analysis_result << "\n";

    // 进行结果处理（伪代码）
    // 例如，将检测结果叠加到图像上

    // 编码成JPEG图片（伪代码）
    const char *jpeg_image = "Encoded JPEG Image Data";

    // 假设将编码后的JPEG图片保存到文件
    std::ofstream outfile("output.jpg", std::ios::binary);
    outfile.write(jpeg_image, strlen(jpeg_image));
    outfile.close();

    std::cout << "Result Processing: Encoded image and saved as JPEG.\n";
}
```

在实际应用中，为了确保数据的正确性和同步性，通常会使用信号量（Semaphore）或条件变量（Condition Variable）来进行进程间的同步。一个简单的同步机制的代码示例如下：

```cpp
#include <semaphore.h>

// 信号量初始化
sem_t *sem_media_ready = sem_open("/sem_media_ready", O_CREAT, 0666, 0);
sem_t *sem_analysis_done = sem_open("/sem_analysis_done", O_CREAT, 0666, 0);

// 在媒体处理进程中，通知算法分析进程数据已准备好
sem_post(sem_media_ready);

// 在算法分析进程中，等待数据准备好
sem_wait(sem_media_ready);

// 在算法分析进程中，通知媒体处理进程分析已完成
```

```
sem_post(sem_analysis_done);

// 在媒体处理进程中，等待分析完成
sem_wait(sem_analysis_done);
```

通过上述代码示例，我们可以看到媒体处理进程与算法分析进程如何通过共享内存实现图像数据和分析结果的高效交换和协同工作。通过合理的同步机制，确保数据在多个进程间的正确传递和处理，从而实现智能产品中复杂的媒体处理和算法分析功能。

4.3.2 案例二：媒体处理进程与业务处理进程的协作

在一个复杂的智能媒体处理系统中，媒体处理进程、算法分析进程和业务处理进程之间需要高效地共享和处理数据。为了实现这一目标，本案例采用了共享内存和消息队列两种机制，分别用于大块数据共享和结果数据处理。

1. 代码架构

1）媒体处理进程：负责接收、解码视频数据，将图像数据（如 YUV、RGB 格式）写入共享内存，并通过消息队列通知业务处理进程进行结果存储和管理。

2）算法分析进程：从共享内存中读取解码后的图像数据进行分析，将检测结果写回共享内存，并通过消息队列通知媒体处理进程进行后续处理。

3）业务处理进程：接收媒体处理进程发送的消息，通过共享内存读取图像数据和分析结果，进行存储和数据库管理。

2. 代码示例

案例二使用 POSIX 共享内存进行大块数据共享。管理共享内存的代码示例如下：

```cpp
#include <iostream>
#include <sys/mman.h>
#include <fcntl.h>
#include <unistd.h>
#include <cstring>

const char *SHM_NAME = "/shared_memory";
const size_t SHM_SIZE = 1024 * 1024; // 1 MB

void *create_shared_memory(size_t size) {
    int shm_fd = shm_open(SHM_NAME, O_CREAT | O_RDWR, 0666);
    if(shm_fd == -1) {
        perror("shm_open");
```

```
            exit(1);
    }
    if(ftruncate(shm_fd, size) == -1) {
            perror("ftruncate");
            exit(1);
    }
    void *ptr = mmap(0, size, PROT_READ | PROT_WRITE, MAP_SHARED, shm_fd, 0);
    if(ptr == MAP_FAILED) {
            perror("mmap");
            exit(1);
    }
    return ptr;
}
```

媒体处理进程负责解码视频数据,将图像数据写入共享内存,并通过消息队列通知业务处理进程。媒体处理进程的代码示例如下:

```
#include <mqueue.h>

#define MSG_QUEUE_NAME "/msg_queue"

void media_processing() {
    void *shared_memory = create_shared_memory(SHM_SIZE);

    // 假设解码后的图像数据
    const char *decoded_image_data = "Decoded YUV/RGB Image Data";
    size_t data_length = strlen(decoded_image_data) + 1;

    // 将解码后的图像数据写入共享内存
    memcpy(shared_memory, decoded_image_data, data_length);
    std::cout <<"Media Processing: Written decoded image data to shared memory.\n";

    // 创建消息队列
    mqd_t mq = mq_open(MSG_QUEUE_NAME, O_WRONLY | O_CREAT, 0666, NULL);
    if(mq == -1) {
            perror("mq_open");
            exit(1);
    }
```

```
    // 通知业务处理进程数据已准备好
    const char *message = "Image data ready";
    if(mq_send(mq, message, strlen(message) + 1, 0) == -1) {
        perror("mq_send");
        exit(1);
    }

    mq_close(mq);
}
```

算法分析进程从共享内存读取解码后的图像数据进行分析,将检测结果写回共享内存。算法分析进程的代码示例如下:

```
void algorithm_analysis() {
    void *shared_memory = create_shared_memory(SHM_SIZE);

    // 从共享内存读取解码后的图像数据
    char image_data[256];
    memcpy(image_data, shared_memory, 256);
    std::cout <<"Algorithm Analysis: Read image data from shared memory: " << image_data << "\n";

    // 进行算法分析(伪代码)
    const char *analysis_result = "Detection Result: Face Detected";
    size_t result_length = strlen(analysis_result) + 1;

    // 将算法检测结果写入共享内存
    memcpy(static_cast<char*>(shared_memory) + 256, analysis_result, result_length);
    std::cout << "Algorithm Analysis: Written analysis result to shared memory.\n";
}
```

业务处理进程从消息队列接收通知,读取共享内存中的数据进行存储和数据库管理。业务处理进程的代码示例如下:

```
#include <mqueue.h>
#include <fstream>
```

```cpp
void business_processing() {
    // 创建或打开消息队列
    mqd_t mq = mq_open(MSG_QUEUE_NAME, O_RDONLY | O_CREAT, 0666, NULL);
    if (mq == -1) {
        perror("mq_open");
        exit(1);
    }

    char buffer[256];
    while (true) {
        ssize_t bytes_read = mq_receive(mq, buffer, 256, NULL);
        if (bytes_read >= 0) {
            buffer[bytes_read] = '\0';
            std::cout << "Business Processing: Received message: " << buffer << "\n";

            // 从共享内存读取数据
            void *shared_memory = create_shared_memory(SHM_SIZE);
            char analysis_result[256];
            memcpy(analysis_result, static_cast<char*>(shared_memory) + 256, 256);
            std::cout << "Business Processing: Read analysis result from shared memory: " << analysis_result << "\n";

            // 处理并保存图像数据
            const char *jpeg_image = "Encoded JPEG Image Data";

            // 假设将编码后的JPEG图片保存到文件
            std::ofstream outfile("output.jpg", std::ios::binary);
            outfile.write(jpeg_image, strlen(jpeg_image));
            outfile.close();

            std::cout << "Business Processing: Encoded image and saved as JPEG.\n";

            // 存储到数据库（伪代码）
            // db.save(analysis_result, jpeg_image);
        } else {
            perror("mq_receive");
        }
    }
}
```

```
    mq_close(mq);
}
```

为了确保数据的正确性和同步性,使用消息队列来传递控制信息,并通过共享内存传递大块数据。代码示例如下:

```
#include <semaphore.h>

// 信号量初始化
sem_t *sem_media_ready = sem_open("/sem_media_ready", O_CREAT, 0666, 0);
sem_t *sem_analysis_done = sem_open("/sem_analysis_done", O_CREAT, 0666, 0);

// 在媒体处理进程中,通知算法分析进程数据已准备好
sem_post(sem_media_ready);

// 在算法分析进程中,等待数据准备好
sem_wait(sem_media_ready);

// 在算法分析进程中,通知媒体处理进程分析已完成
sem_post(sem_analysis_done);

// 在媒体处理进程中,等待分析完成
 sem_wait(sem_analysis_done);
```

案例二采用共享内存和消息队列相结合的方式,使得媒体处理进程与业务处理进程可以高效地进行大块数据的共享和结果数据的处理。共享内存用于传递大块图像数据,减少内存复制,提高传输效率;消息队列用于传递控制信息和小块结果数据,确保进程间的同步和协调。这种设计能够减少进程间的耦合,提升智能媒体处理系统的并发处理能力和可靠性,实现系统中复杂的数据处理和管理功能。

4.3.3 数据共享在智能产品中的重要性

在智能产品的设计和运营中,数据共享发挥着举足轻重的作用,特别是在大规模系统中,其重要性更是凸显无疑。数据共享不仅关乎信息的流通与整合,而且直接关系到系统整体效率和性能的提升。

首先,对于大规模系统而言,数据共享是实现各组件、模块乃至子系统之间协同工作的基础。在复杂的系统中,不同的部分往往需要交换信息以完成共同的任务。例如,在一个大型电子商务平台中,用户管理、商品管理、订单处理、支付系统等各个模块都需要实时共享数据,以确保用户能够顺畅地完成购物流程。没有数据共享,这些模块将变得孤立

无援，整个系统的运作也将陷入混乱。

其次，数据共享对于提高系统效率至关重要。通过共享数据，系统可以避免不必要的数据重复存储和处理，从而节省了大量存储和计算资源。例如，在云计算环境中，多台虚拟机之间共享存储资源，可以显著提高存储空间的利用率，降低运营成本。此外，数据共享还有助于实现数据的并行处理，进一步提高系统的处理能力和响应速度。

再者，数据共享也是实现系统优化和智能决策的关键。通过对共享数据的分析和挖掘，系统可以更加精准地了解用户需求、市场趋势以及潜在问题，从而做出更明智的决策。例如，在智能物流系统中，通过共享和分析运输数据，系统可以优化运输路线、提高车辆利用率，进而降低运营成本并提升服务质量。

最后，数据共享还有助于提升系统的可扩展性和灵活性。在大规模系统中，随着业务的发展和用户需求的增长，系统往往需要不断地扩展和升级。通过数据共享，新的模块或服务可以更容易地集成到现有系统中，从而实现系统的快速迭代和持续创新。

综上所述，数据共享在大规模系统中的重要性不言而喻。它不仅是系统协同工作的基础，而且是提高系统效率、实现优化决策和提升系统可扩展性的关键所在。因此，在设计和开发智能产品时，我们必须充分重视数据共享的作用，合理利用和管理共享数据，以打造更加高效、智能和灵活的系统。

4.4 课后思考题

1. 常见的进程间通信方式有哪些？
2. 匿名管道和有名管道之间的区别是什么？
3. Linux 系统中常用信号有哪些？
4. 信号量与互斥量之间的区别是什么？
5. 简述共享内存的实现原理。

科学家科学史
"两弹一星"功勋科学家：孙家栋

第 5 章 智能产品中线程的本质与管理

课件PPT

5.1 线程与进程的概念、联系与区别

5.1.1 线程与进程的概念

1. 定义

线程与进程的定义、特点和组成如图 5-1 所示。

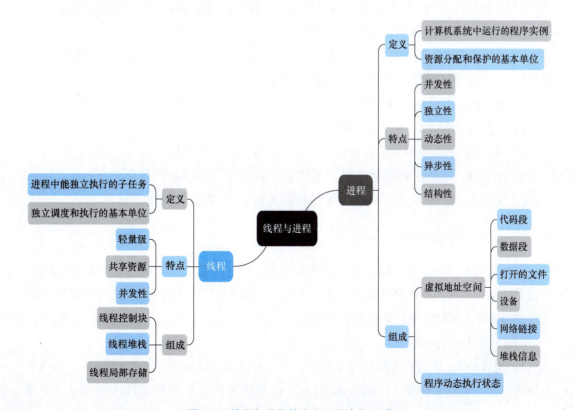

图 5-1 线程与进程的定义、特点和组成

线程（Thread）：线程是进程中能独立执行的子任务，是系统进行独立调度和执行的基本单位。线程主要由线程控制块（TCB）、线程堆栈和线程局部存储（TLS）组成。在引入线程之前，进程既是资源分配的基本单位，也是 CPU 调度的基本单位。引入线程后，线程才是 CPU 调度的基本单位。一个进程可以包含多个线程，线程相比于进程更加轻量级，创建、撤销和切换线程的开销很小。线程适用于高并发的任务场景。

进程（Process）：进程是计算机系统中运行的程序实例，它是系统进行资源分配和保护的基本单位。进程相对独立，进程间数据相互隔离。每个进程都代表了程序在其生命周期内的一次动态执行过程，它有独立的虚拟地址空间，包含程序的代码段、数据段、打开的文件、设备、网络链接、堆栈信息等资源，以及程序的动态执行状态。

2. 特点

（1）线程的特点

1）轻量级：线程是比进程更轻量级的执行实体，创建、切换和销毁的速度相对较快。

2）共享资源：同一进程内的线程共享进程的虚拟内存（如代码段、数据段、文件描述符等），每个线程都有自己的栈空间来存放本地数据和返回地址。

3）并发性：和进程一样，线程也具有并发性，可以并发执行。

（2）进程的特点

1）并发性：多个进程实体可以同时存在于内存中，通过多处理器或时间片轮转在同一个处理器的方式并发执行，表现出并行的特点。

2）独立性：每个进程都拥有独立的虚拟地址空间，空间中存储着进程独立的代码段、数据段、堆、栈等信息，不同进程间数据完全隔离。

3）动态性：进程是资源调度的最基本的单位，进程是程序的一次执行过程，有自己的生命周期，会动态地产生、变化和消亡。

4）异步性：各个进程按各自独立、不可预知的速度向前推进。

5）结构性：每个进程都会在操作系统分配和配置一个进程控制块（Process Control Block，PCB）。从结构上看，每个进程都是由程序段、数据段和 PCB 组成的。

5.1.2 线程与进程的联系和区别

在计算机科学中，理解线程和进程的概念及其相互关系是理解现代操作系统的基础。下面将详细解析线程与进程之间的联系与区别，并探讨在实际应用中如何根据需求选择使用线程或进程。其联系和区别如图 5-2 所示。

（1）线程与进程的联系

1）包含关系：线程是进程的组成部分，一个进程可以包含一个或多个线程；这些线程共享进程被分配到的资源（如虚拟地址空间、文件描述符等），并在进程的上下文中并发执行。

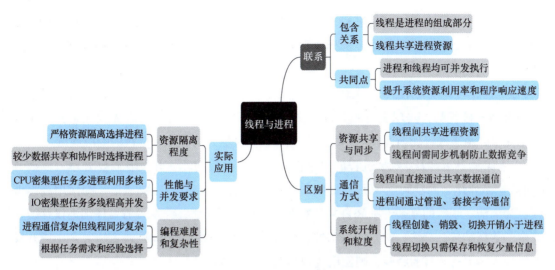

图 5-2　线程与进程的联系和区别

2）共同点：无论是线程还是进程，都可以通过并发执行来提升系统资源利用率和程序响应速度。

（2）线程与进程的区别

线程与进程的区别具体体现在资源共享与同步、通信方式、系统开销和粒度三个方面。

1）资源共享与同步：线程间的资源共享使得它们可以更高效地完成进程任务，但同时也引入了数据竞争和同步的问题。为了保证数据的一致性和安全性，线程间需要使用同步机制（如互斥锁、条件变量等）进行协调。

2）通信方式：线程间由于共享同一个进程的地址空间，因此可以直接通过修改共享数据来通信，不过依然需要注意数据一致性问题；进程间可以通过管道、套接字、消息队列、共享内存等方式通信。

3）系统开销和粒度：线程与进程的创建、销毁和切换等操作都会给系统带来一定的开销，但线程在生命周期中各个操作开销都小于进程。线程的切换只需要保存和恢复少量寄存器和栈信息，而进程间切换涉及虚拟内存、全局数据等大量资源的切换。因此，在需要频繁创建、销毁和切换的任务中往往选择更轻量级的线程。

（3）线程与进程的实际应用

在实际应用中，选择使用线程还是进程是设计并发系统的关键决策之一。线程和进程都是操作系统中用于实现并行处理的基本概念，但它们在资源管理、通信方式和执行效率等方面有明显的差异。接下来将从多个方面介绍在实际应用中如何选择，是使用线程还是选择进程。

1）资源隔离程度：如果任务间需要严格的资源隔离，或者任务间不存在很多的数据共享和协作，使用进程可以更好地保障资源隔离和故障隔离。进程具有独立的内存空间，一个进程的崩溃不会影响其他进程，从而提供了更高的故障隔离能力。相反，如果任务之间需要频繁的数据共享和协作，选择线程可能更合适，因为线程之间共享内存空间，数据共享和通信更高效。

2）性能与并发要求：对于 CPU 密集型任务，如果系统支持多核并行，多进程可以更好地利用多核优势，实现真正的并行计算；对于 IO 密集型任务，或者需要大量并发执行的小任务，由于线程切换开销更小，多线程可以提供更好的并发和更快的响应速度。

3）编程难度和复杂性：进程的复杂性往往来自通信问题，开发者需要处理较多细节（如数据序列化、同步问题等）。如果任务间通信较为简单或不需要通信，则使用进程编程更为简洁。线程的复杂性则来自共享数据和同步控制问题，开发者需要仔细地设计线程安全的数据结构、算法，防止竞态条件、死锁等问题。如果任务间同步需求复杂，或开发者对线程编程有丰富的经验，则使用线程编程更为合适。

综上所述，在实际应用中需综合考虑和设计任务的资源需求、隔离程度、性能需求等因素选择使用线程或者进程。在复杂系统中，两者往往结合使用，形成混合的多进程多线程模型，达到充分利用系统资源和提高程序可用性与效率的目的。

5.2 线程的创建和销毁

5.2.1 线程创建步骤

线程的创建是多线程编程中的一个基本过程，如图 5-3 所示，涉及以下几个关键步骤：①线程的初始化，这一步骤确保线程的基本属性被正确设置。②线程栈的分配，为线程提供必要的内存资源以支持其运行。③系统会配置线程控制块，这是管理和维护线程状态的核心数据结构。④线程的启动过程随之进行，将线程加入就绪队列。⑤线程调度器根据调度策略决定线程的执行顺序。这些步骤共同完成线程的创建，为多任务处理和资源共享奠定了基础。

1）线程的初始化：创建线程时，首先需要进行线程的初始化，这里只介绍用户级线程的初始化过程。这通常由开发者通过操作系统提供的线程创建函数来完成。一般需要指定线程的入口函数、传递到线程的参数、线程的属性（如线程优先级、指定栈大小、线程组）等。

2）线程栈的分配：每个线程都有独立的栈空间用于存储局部变量、函数调用时的返回地址、寄存器值等，因此在创建时操作系统会为新线程分配一块栈内存。栈的分配方式取决于操作系统实现，可能从进程的堆内存中划分，也可能由操作系统直接分配。

3）线程控制块的设置：线程控制块（Thread Control Block，TCB）是操作系统用来记录和管理线程状态和上下文的数据结构。在创建线程时，操作系统会为新线程创建一个线程控制块，并设置以下内容：

① 线程 ID：标识每个线程的唯一 ID。

② 线程状态：就绪/运行/阻塞/终止。

③ 上下文信息：包括程序计数器、栈指针、通用寄存器、状态寄存器等硬件上下文，用于上下文切换时保存和恢复线程执行状态。

④ 调度信息：如优先级、调度策略等，用于指导线程调度器进行调度决策。

⑤ 同步与通信信息：如互斥锁、条件变量、信号量等，用于线程间的同步和通信。

⑥ 资源信息：如栈地址、栈大小、父线程 ID 等。

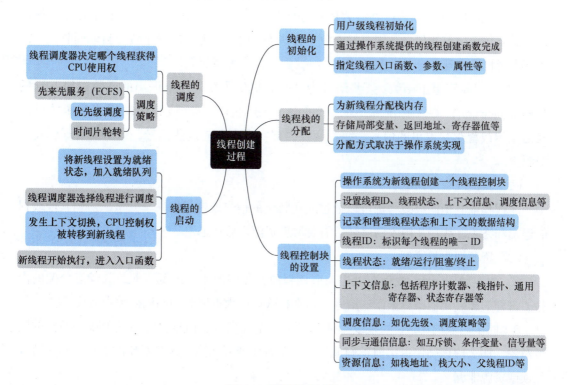

图 5-3　线程创建过程

4）线程的启动：完成以上工作后，操作系统会将新线程置为就绪状态，并将其添加到就绪队列中，此时线程已经具备了执行的条件，但尚未开始执行。当线程调度器选择该线程进行调度时，会发生上下文切换，将 CPU 控制权从之前运行的线程转移到这个新创建的线程。至此新线程正式开始执行，进入之前设置的入口函数中。

5）线程的调度器：线程调度器负责决定哪个线程能获得 CPU 的使用权。调度策略一般有：

① 先来先服务（FCFS）：按照线程进入就绪队列的顺序调度。

② 优先级调度：按照线程创建时指定的优先级顺序进行调度，优先级高的先获得 CPU 使用权。

③ 时间片轮转：每个线程都分配到一定的时间片（CPU 时间），时间片结束后，即使

线程未完成，也会将 CPU 使用权让给下一个线程，实现多个线程公平地获得 CPU 时间。

5.2.2 线程销毁方法

线程销毁一般发生在线程完成了预先指定的任务或者遇到异常等需要提前终止时。销毁线程的意义在于释放其占用的系统资源。线程可以主动退出，也可以由开发者编码，通过进程中的其他线程协调退出。

（1）主动退出

1）线程任务执行完毕：在线程的任务函数自然执行结束后，线程会自动退出。通常线程需要在退出前清理自己创建的资源（有些语言的标准库中实现了资源自动回收，不需要开发者自己实现）。

2）调用线程退出函数：某些语言为开发者提供了线程主动退出的函数，如 Java 的 Thread.interrupt()，C++ 标准库中的 std::thread::detach() 等。在线程中调用这些函数可以发出指示线程尽快退出的信号。线程会在内部实现中响应这些信号，退出前清理创建的资源。

（2）其他线程协调退出

主线程或其他同级线程都可以通过发送特定的信号或者采用共享变量，协调其他线程的退出和终止。线程在接收到信号后需要清理资源之后再退出。

（3）资源回收与清理

1）清理局部资源：线程在退出前应该释放其创建的所有局部资源，如动态分配的内存、打开的文件句柄、数据库链接等。通常在入口函数返回时的回调函数中完成。

2）同步对象的释放：如果线程使用了锁、条件变量、信号量等与其他线程通信的同步对象，那么应该确保退出前正确地释放了锁资源或者删除了这些对象的占用，防止造成死锁或资源泄漏。

3）线程栈的回收：线程退出后，栈空间随着任务函数的结束自动回收，但某些情况下可能需要主动释放，如使用了非标准的栈分配方式。

5.3 线程的同步和互斥机制、调度和性能优化

5.3.1 同步和互斥机制

在多线程环境中，当多个线程需要访问共享资源时，为了保证数据的完整性和一致性，必须引入同步和互斥机制。这些机制能够确保在任何时刻都只有一个线程能够访问特定资源，或者协调多个线程之间的操作顺序。同步涉及线程之间的协调。有时，一个线程可能需要等待另一个线程完成某个操作后才能执行。同步机制允许线程之间进行这种协

调。互斥是指防止多个线程同时访问某一资源。当某个线程正在访问一个资源时，其他线程必须等待，直到该资源被释放。

1. 常用方法

在 C++ 中，可以使用多种方法来实现同步和互斥，以下是几种常用的方法：

1）互斥锁（std::mutex）：互斥锁是最简单的同步机制之一。当一个线程拥有锁时，其他线程无法获取该锁，从而保证了互斥访问。

2）条件变量（std::condition_variable）：条件变量常与互斥锁一起使用，用于线程间的同步。它允许线程等待某个条件成立，或通知其他线程条件已经改变。

3）读写锁（std::shared_mutex 和 std::shared_lock）：读写锁允许多个线程同时读取共享数据，但只允许一个线程写入。这对于读操作远多于写操作的场景非常有用。

2. 注意事项

为了保证线程间数据的正确性，除了正确使用同步和互斥机制外，还需要注意以下几点：

1）最小化锁的范围：尽量缩短线程持有锁的时间，以减少线程间的竞争。

2）避免死锁：确保线程在获取多个锁时，总是以相同的顺序获取，从而防止发生死锁。

3）优先使用高级并发器：C++ 标准库提供了如 std::atomic 和并发容器等高级工具，它们内部已经实现了必要的同步和互斥机制。

4）仔细测试：多线程程序很难调试，因此务必进行充分的测试，确保在各种并发场景下数据的正确性。

5.3.2　调度和性能优化

1. 常见调度算法

线程调度是指操作系统决定哪个线程可以获得 CPU 资源并执行的过程。不同的操作系统可能使用不同的调度算法，常见的线程调度算法包括以下几种：

1）先来先服务 (FCFS)。先来先服务是最简单的调度算法，按照线程请求 CPU 资源的顺序进行调度。优点是实现简单；缺点是可能导致短作业长时间等待。

2）短作业优先（SJF）。选择预计执行时间最短的线程先执行。优点是可以最小化平均等待时间；缺点是需要预测执行时间，且可能导致长作业"饥饿"。

3）优先级调度。根据线程的优先级进行调度，优先级高的线程先执行。优点是灵活，可以根据需要设置线程的优先级；缺点是可能导致低优先级的线程"饥饿"。

4）轮转调度（RR）。每个线程都运行一个固定的时间片，时间片结束后，切换到下一个线程。优点是公平性好，响应时间短；缺点是可能导致上下文切换开销大。

5）多级队列调度。根据线程的性质或行为，它们被分配到不同的队列中，每个队列都有自己的调度算法。优点是可以适应不同类型的线程需求；缺点是设计和实现复杂。

2. 关键优化策略

多线程程序的性能优化是一个复杂的过程，涉及多个方面。以下是一些关键的优化策略：

1）减少线程创建和销毁的开销。

① 线程池：通过预先创建一组线程，并复用这些线程来执行任务，从而避免频繁地创建和销毁线程。

② 避免不必要的线程创建：对于短暂或频繁执行的任务，考虑使用线程池或异步编程模型。

2）降低上下文切换的开销。

① 减少线程数量：过多的线程会导致频繁的上下文切换，增加开销。应根据系统资源和任务特性合理设置线程数量。

② 调整时间片大小：在轮转调度中，合理设置时间片大小以平衡响应时间和上下文切换开销。

3）提高数据局部性优化和缓存利用率。

① 数据局部性优化：尽量使线程访问的数据在空间和时间上局部化，以提高缓存命中率。

② 避免伪共享：多个线程访问同一缓存行中的不同数据，会导致不必要的缓存失效。应通过数据填充或重新排列数据来避免这种情况。

4）减少同步和互斥的开销。

① 细化锁粒度：通过减少锁的范围或使用更细粒度的锁来降低线程间的竞争。

② 避免死锁和活锁：合理设计同步机制，避免线程间竞争资源而导致的死锁或活锁情况。

③ 使用无锁数据结构或算法：对于某些场景，可以考虑使用无锁的数据结构或算法来提高性能。

5）利用并行计算和向量化。

① 并行化算法：将可以并行执行的任务分配给多个线程，以充分利用多核处理器的能力。

② 向量化代码：利用单指令多数据流（SIMD）指令集，如 SSE（Streaming SIMD Extensions，流 SIMD 扩展）、AVX（Advanced Vector Extensions，高级矢量扩展）对数据处理进行向量化，提高数据吞吐量。

6）优化 I/O 操作。

① 异步 I/O：使用异步 I/O 操作来避免线程阻塞在 I/O 上，提高线程的利用率。

② 缓冲区管理：合理设置缓冲区大小，减少 I/O 操作的次数和开销。

7）使用性能分析工具。

利用性能分析工具（如 perf、gprof 等）来识别程序的性能瓶颈，并有针对性地进行优化。

通过综合运用这些优化策略，可以有效提高多线程程序的性能。然而，性能优化是一个持续的过程，需要不断地测试、分析和调整才能达到最佳效果。

5.4 智能产品中多线程的应用案例

5.4.1 多线程应用场景

多线程在智能产品中应用得非常广泛，尤其是在需要并发处理和提高系统响应速度的场景中。

（1）并发处理

智能产品中经常需要同时处理多个任务或数据，这时多线程就派上用场了。

案例一：智能音箱

智能音箱是一种集成了语音助手的智能设备，能够通过语音指令提供信息查询、播放音乐、控制智能家居设备等功能。为了提供良好的用户体验，智能音箱需要同时处理多个并发任务，如语音识别、语义理解、音乐播放、与云端通信等。语音识别线程实时接收和处理用户的语音输入，将语音信号转换为文本。这通常通过独立的线程来处理音频数据的录制、降噪和语音识别。语义理解线程则分析由语音识别生成的文本，理解用户的意图并生成相应的指令，利用自然语言处理技术解析用户指令，生成相应的操作指令或回答。与此同时，音乐播放线程负责播放音乐和音频内容，处理音乐文件的解码和播放，并监控播放状态以响应用户的操作。与云端通信线程则负责与云端服务器进行数据交换，包括上传用户请求和下载处理结果，通过网络接口保持与云端的实时通信。通过这些线程的协同工作，智能音箱能够并发处理多个任务，提高整体系统的响应速度和用户体验。

案例二：智能家居系统

智能家居系统通过中央控制器或智能网关管理家中的各类智能设备，包括灯光、窗帘、空调、安防系统等。多线程技术在智能家居系统中发挥着重要作用，使得系统能够高效地控制多个设备和监测状态。设备控制线程向各类智能设备发送控制指令，执行开关和调节操作。每个设备类型或设备组都分配到一个独立的控制线程。系统通过通信协议如 ZigBee、Z-Wave 或 Wi-Fi 发送指令。状态监测线程则实时监测智能设备的状态，确保系统能够及时响应设备状态的变化。这些线程通过轮询或事件驱动的方式，监测设备状态并更新系统状态。此外，用户界面线程处理用户通过手机或平板计算机对智能家居系统的操作请求，并更新用户界面（UI）状态。它监听用户操作事件，如点击和滑动等，并向设备控制线程发送指令，同时更新用户界面显示。通过多线程技术，智能家居系统能够高效、可靠地管理多个设备，确保各项任务并发处理，具有较高的稳定性和较快的响应速度。

（2）提高系统响应速度

多线程技术可以显著提高系统的响应速度，特别是在处理大量用户请求或执行复杂计算时。

案例三：智能手机

智能手机上的许多应用程序都需要快速响应用户的操作，如浏览网页、播放视频、运行复杂的计算任务等。多线程技术在智能手机中得到广泛应用，以确保用户界面的流畅性和快速响应。浏览网页时，页面渲染线程负责解析和显示网页内容，网络请求线程负责下载网页数据，用户交互线程则响应用户的点击和滑动操作。通过多线程技术，这些任务可以并发执行，使网页加载速度更快，用户体验更好。播放视频时，解码线程负责解码视频数据，渲染线程负责显示视频帧，音频线程负责播放声音。这些线程相互协作，确保视频播放的流畅性和音画同步。此外，智能手机还需要处理大量后台任务，如邮件同步、社交媒体通知、应用更新等，多线程技术使得这些任务在不影响前台应用的情况下高效运行，从而提高了整体系统的性能和用户满意度。

案例四：智能穿戴设备

在智能手表或健康监测设备中，多线程技术用于实时处理传感器数据，提高设备的反应速度和用户体验。智能手表通常配备多种传感器，如心率传感器、加速度计、陀螺仪等，用于监测用户的健康数据和运动状态。心率监测线程实时读取心率传感器的数据，计算用户的心率，并在异常情况下发出警报。步数统计线程通过处理加速度计的数据，计算用户的步数和运动距离。通知线程负责接收和显示来自智能手机的通知，如来电、短信和应用提醒，确保用户及时获取重要信息。此外，界面更新线程处理用户的触摸操作和界面渲染，使用户界面交互更加流畅。通过多线程技术，智能穿戴设备能够同时处理多个传感器的数据，实现实时监测和反馈，提高用户体验和设备的实用性。

（3）后台任务处理

多线程技术还常用于后台任务的处理，如数据同步、推送通知等。这些任务通常在用户不直接与之交互的情况下运行。

案例五：智能云服务

在云端计算中，多线程技术被广泛应用于处理大量的用户数据。具体来说，当用户上传大量数据时，云服务可以利用多线程技术将这些数据分成多个小块，并行处理，从而加快数据处理速度，提升整体系统性能。例如，一家大型电商平台需要分析海量用户购买行为数据，通过多线程技术，可以同时处理多个用户的购物记录，快速生成购买趋势分析报告。此外，云服务提供商通常会定期备份用户数据，以防止数据丢失。利用多线程技术，备份任务可以在后台并行进行，不会影响用户的正常操作。例如，某企业的所有员工数据都存储在云端，通过多线程备份技术，可以确保即使在工作时间内，备份任务也不会影响员工对数据的访问和操作。在高并发访问场景下，云服务需要确保每个用户请求都能得到及时响应。多线程技术可以将用户请求分配给不同的线程处理，从而提高响应速度和稳定性。例如，视频流媒体平台在用户高峰期时，利用多线程技术可以确保每个用户都能流畅地观看视频内容，而不会因为服务器过载而卡顿。

案例六：智能家电

现代智能家电设备，如智能冰箱、洗衣机等，也广泛使用多线程技术，以在后台进行各种任务的处理。这些设备需要定期进行软件更新，以提升功能和修复漏洞。通过多线程技术，智能家电设备可以在后台下载和安装更新，而不影响用户的日常使用。例如，一台智能冰箱在用户取放食物时，可以在后台进行软件更新，确保始终保持最新状态而不会打扰用户的使用体验。智能家电通常会收集数据并上传到云端，以便用户通过手机应用查看设备状态或历史数据。利用多线程技术，这些数据上传任务可以在用户使用设备时进行。例如，一台智能洗衣机在洗涤过程中，可以在后台将使用数据上传到云端，使用户能够实时监控洗涤进度。此外，智能家电在日常使用过程中，可能需要进行各种系统自检任务，以确保设备正常运行。多线程技术可以使这些自检任务在后台运行，而不影响用户的正常使用。例如，一台智能空调在运行时，可以在后台进行自检，确保设备的温度传感器和风扇正常工作。

多线程技术在各类智能设备和云服务中扮演着不可或缺的角色。通过将任务并行处理，多线程技术不仅提高了效率和响应速度，还确保了用户的前端体验不受影响。这使得多线程成为现代计算和智能设备开发中的一项关键技术。

（4）分布式计算和并行计算

对于需要进行大量计算的任务，多线程技术可以实现分布式计算和并行计算，从而提高计算效率。

案例七：智能安防系统

智能安防系统利用多线程技术处理视频监控数据，以加快图像分析和识别速度，及时发现和响应异常情况。智能摄像头会实时采集视频流，多线程技术允许系统同时处理多个视频流。每个视频流都对应一个独立的图像分析线程，该线程负责对图像进行实时分析和处理，检测可能的异常情况如人员活动、入侵行为等。通过多线程并行处理，系统能够提高图像处理速度，缩短响应时间，确保能够及时发现潜在的安全威胁。

智能安防系统中的多线程还能支持复杂的视频分析算法，如行人检测、车辆识别、面部识别等。这些算法在多线程环境下能够并行执行，有效地加快处理速度，同时也减少单个任务对系统资源的占用。例如，通过图形处理单元（GPU）加速的图像处理技术，能够在多线程环境下进行快速的图像处理和识别，提升智能安防系统的实时监控能力和反应速度。

案例八：智能驾驶

在智能驾驶技术中，多线程也发挥着关键作用。智能汽车通过多个传感器（如激光雷达、摄像头、超声波传感器等）收集周围环境数据，这些数据需要得到实时处理和分析，以实现车辆的实时定位、环境感知、路径规划和决策。多线程技术允许智能汽车同时处理来自多个传感器的数据流，确保实时的环境感知和快速的决策响应。

例如，激光雷达数据处理线程负责解析激光雷达传感器的数据，生成高精度的三维环境地图。图像处理线程负责处理摄像头数据，进行实时的障碍物检测和行人识别。决策线程则基于收集的环境信息，确定车辆的行驶路径和实施规划。这些线程之间通过线程间通信和同步机制协作，确保数据的一致性和及时反应。在智能驾驶中，多线程不仅可以提高实时性和响应速度，还能支持复杂的分布式计算和协同处理，使车辆能够在复杂的交通环境中安全、高效地行驶。

综上所述，多线程在智能产品中的应用场景非常广泛，不仅可以提高并发处理能力和响应速度，还可以用于后台任务处理和分布式计算等。

5.4.2 多线程在智能产品中的实际应用

当谈及多线程在智能产品中的应用时，我们不得不提到其对于提升产品性能和用户体验的重要作用。下面将通过几个具体案例，详细探讨多线程在实际智能产品开发中的应用、优势和效果。

案例一：智能家居控制系统

智能家居控制系统是现代家庭智能化的核心，它允许用户通过手机、平板计算机或其他智能设备远程控制家中的电器等。以下是多线程在智能家居控制系统中的具体应用：

（1）主控制线程

这是系统的核心线程，负责整个系统的初始化和配置，以及与其他线程协调和通信。代码示例如下：

```cpp
// 主控制线程
void mainControlThread() {
    std::unique_lock<std::mutex> lock(systemMutex);

    // 初始化系统
    initializeSystem();
    systemInitialized = true;
    std::cout << "System initialized.\n";
```

```cpp
    // 通知其他线程系统已初始化
    cv.notify_all();

    // 模拟主控制线程持续运行，处理系统维护和协调工作
    while (true) {
        // 业务逻辑处理
        std::this_thread::sleep_for(std::chrono::seconds(1));
    }
}
```

（2）设备通信线程

针对每个连接到系统的智能设备，都会有一个或多个与之对应的设备通信线程。这些线程负责与设备进行数据交互，确保设备状态与系统状态保持同步。代码示例如下：

```cpp
// 设备通信线程
void deviceCommunicationThread(SmartDevice device) {
    // 模拟设备通信线程与智能设备的数据交互
    while (true) {
        std::unique_lock<std::mutex> lock(deviceMutex);

        // 模拟设备状态变化
        device.status = !device.status;}
        std::cout << "Device " << device.deviceId << " status changed to " << device.status << "\n";

        // 更新设备状态到系统
        deviceQueue.push(device);
        deviceCV.notify_one();

        // 等待一段时间模拟设备状态变化
        lock.unlock();
        std::this_thread::sleep_for(std::chrono::seconds(3));
    }
}
```

（3）用户界面线程

用户界面线程负责处理用户界面的交互事件，如用户点击、滑动等操作，确保用户操作的流畅性。代码示例如下：

```cpp
// 用户界面线程
void userInterfaceThread() {
    while (true) {
        std::unique_lock<std::mutex> lock(uiMutex);

        // 模拟用户交互事件
        std::string userInput;
        std::cout << "Please enter your command: ";
        std::cin >> userInput;

        // 处理用户输入
        std::cout << "User entered: " << userInput << "\n";

        // 模拟界面响应和处理逻辑
        std::this_thread::sleep_for(std::chrono::seconds(1));
    }
}
```

(4)事件检测线程

当系统检测到某些特定事件(如设备状态变化、用户操作等)时,事件检测线程会负责处理这些事件,并触发相应的响应。代码示例如下:

```cpp
// 事件检测线程
void eventDetectionThread() {
    while (true) {
        std::unique_lock<std::mutex> lock(eventMutex);

// 模拟事件检测
bool eventDetected = false;
// 模拟事件发生条件
if (eventDetected) {
    // 触发事件
    std::cout << "Event detected, notifying event handling thread.\n";
    eventCV.notify_one();
}

// 模拟事件检测周期
std::this_thread::sleep_for(std::chrono::seconds(5));
}
}
```

（5）主函数

主函数代码示例如下：

```cpp
#include <iostream>
#include <thread>
#include <mutex>
#include <condition_variable>
#include <queue>

// 全局状态
bool systemInitialized = false;
std::mutex systemMutex;
std::condition_variable cv;

// 智能设备结构体
struct SmartDevice {
    int deviceId;
    bool status;
};

// 设备队列和相关同步机制
std::queue<SmartDevice> deviceQueue;
std::mutex deviceMutex;
std::condition_variable deviceCV;

// 用户界面相关
std::mutex uiMutex;

// 事件处理相关
std::mutex eventMutex;
std::condition_variable eventCV;

int main() {
    // 启动主控制线程
    std::thread controlThread(mainControlThread);

    // 模拟智能设备
    SmartDevice device1 = {1, true};
    SmartDevice device2 = {2, false};
```

```cpp
    // 启动设备通信线程
    std::thread deviceThread1(deviceCommunicationThread, device1);
    std::thread deviceThread2(deviceCommunicationThread, device2);

    // 启动用户界面线程
    std::thread uiThread(userInterfaceThread);

    // 启动事件检测线程
    std::thread detectionThread(eventDetectionThread);

    // 等待主控制线程结束
    controlThread.join();
    // 等待设备通信线程结束
    deviceThread1.join();
    deviceThread2.join();
    // 等待用户界面线程结束
    uiThread.join();
    // 等待事件检测线程结束
    detectionThread.join();

    return 0;
}
```

通过多线程技术，智能家居控制系统实现了多任务并行处理，保证了系统的实时性和高效性。用户界面线程独立运行，能够实时响应用户操作，显著提升了用户体验。设备通信线程的独立性确保了设备之间通信的稳定性和可靠性，避免了互相干扰的问题。综上所述，多线程的应用极大地增强了智能家居控制系统的性能和用户友好性。

案例二：实时语音识别助手

实时语音识别助手是近年来兴起的智能产品，它能够实时识别用户的语音指令，并给出相应的反馈或执行相应的操作。以下是多线程在实时语音识别助手中的具体应用：

（1）音频采集线程

音频采集线程负责从扬声器或其他音频输入设备中实时采集音频数据。代码示例如下：

```cpp
#include <iostream>
#include <thread>
#include <chrono>
#include <queue>
#include <mutex>
#include <condition_variable>
```

```cpp
// 模拟音频采集的缓冲区和同步
std::queue<double> audioBuffer;
std::mutex audioMutex;
std::condition_variable audioCV;

bool stopAudioCapture = false;

// 模拟音频采集
void audioCaptureThread() {
    while (!stopAudioCapture) {
        // 模拟从扬声器采集音频数据
        double audioSample = static_cast<double>(rand() % 100) / 10.0;

        // 加入缓冲区
        {
            std::lock_guard<std::mutex> lock(audioMutex);
            audioBuffer.push(audioSample);
        }

        // 模拟采样周期
        std::this_thread::sleep_for(std::chrono::milliseconds(100));

        // 通知其他线程有新的音频数据
        audioCV.notify_one();
    }
}

// 停止音频采集
void stopAudioCaptureThread() {
    stopAudioCapture = true;
}

// 获取音频数据
double getAudioSample() {
    std::lock_guard<std::mutex> lock(audioMutex);
    if (!audioBuffer.empty()) {
        double sample = audioBuffer.front();
        audioBuffer.pop();
        return sample;
    }
```

```
        return 0.0;
}
```

（2）语音识别线程

语音识别线程对采集到的音频数据进行实时处理，将其转换成文本信息。代码示例如下：

```
// 模拟语音识别
void speechRecognitionThread() {
    while (true) {
        // 等待音频数据
        std::unique_lock<std::mutex> lock(audioMutex);
        audioCV.wait(lock, []{ return !audioBuffer.empty(); });

        // 获取音频数据
        double audioSample = getAudioSample();

        // 模拟语音识别处理
        std::cout << "Speech recognition: Recognizing audio sample " << audioSample << "...\n";

        // 模拟识别周期
        std::this_thread::sleep_for(std::chrono::milliseconds(500));

        // 释放锁
        lock.unlock();
    }
}
```

（3）语义分析线程

语义分析线程对识别出的文本信息进行语义分析，理解用户的意图和需求。代码示例如下：

```
// 模拟语义分析
void semanticAnalysisThread() {
    while (true) {
        // 等待识别结果
        std::unique_lock<std::mutex> lock(audioMutex);
        audioCV.wait(lock, []{ return !audioBuffer.empty(); });
```

```cpp
        // 获取音频数据
        double audioSample = getAudioSample();

        // 模拟语义分析处理
        std::cout << "Semantic analysis: Analyzing audio sample "
<< audioSample << "...\n";

        // 模拟分析周期
        std::this_thread::sleep_for(std::chrono::milliseconds(700));

        // 释放锁
        lock.unlock();
    }
}
```

（4）响应处理线程

响应处理线程根据用户的意图和需求，执行相应的操作或给出反馈。代码示例如下：

```cpp
// 模拟响应处理
void responseProcessingThread() {
    while (true) {
        // 等待语义分析结果
        std::unique_lock<std::mutex> lock(audioMutex);
        audioCV.wait(lock, []{ return !audioBuffer.empty(); });

        // 获取音频数据
        double audioSample = getAudioSample();

        // 模拟响应处理
        std::cout << "Response processing: Processing audio sample "
<< audioSample << "...\n";

        // 模拟处理周期
        std::this_thread::sleep_for(std::chrono::milliseconds(600));

        // 释放锁
        lock.unlock();
    }
}
```

（5）主函数

主函数代码示例如下：

```cpp
int main() {
    // 启动音频采集线程
    std::thread captureThread(audioCaptureThread);

    // 启动语音识别线程
    std::thread recognitionThread(speechRecognitionThread);

    // 启动语义分析线程
    std::thread analysisThread(semanticAnalysisThread);

    // 启动响应处理线程
    std::thread responseThread(responseProcessingThread);

    // 运行一段时间后停止音频采集线程
    std::this_thread::sleep_for(std::chrono::seconds(10));
    stopAudioCaptureThread();

    // 等待所有线程结束
    captureThread.join();
    recognitionThread.join();
    analysisThread.join();
    responseThread.join();

    return 0;
}
```

多线程技术在实时语音识别助手中的应用，确保了音频采集、语音识别、语义分析和响应处理的并行执行，极大地提高了实时性和响应速度。各个线程独立运行，互不干扰，增强了稳定性和可靠性，同时保证用户体验流畅，几乎没有延迟感。这种设计有效地结合了多线程的优势，为实时语音识别助手带来了卓越的性能和用户体验。

通过以上两个案例，我们可以看到多线程在智能产品开发中的广泛应用和显著效果。多线程不仅能够提高智能产品的并行处理能力和响应速度，还能够确保智能产品的稳定性和可靠性。对于读者来说，理解和掌握多线程技术对于未来从事智能产品开发工作具有重要意义。希望这些案例能够帮助读者更好地理解和应用多线程技术。

5.5 课后思考题

1. 什么是线程？线程和进程有什么区别？
2. 什么是线程同步？为什么需要线程同步？
3. 什么是死锁？如何避免死锁？
4. 线程间如何通信？请举例说明。
5. 多线程与多进程的区别是什么？在什么情况下选择使用多进程？

科学家科学史
"两弹一星"功勋科学家：杨嘉墀

第 6 章

智能产品中的数据存储与检索

课件PPT

数据存储与检索在智能产品中扮演着至关重要的角色。在大数据时代，数据存储与检索面临巨大挑战。一方面，存储的数据类型日益丰富，包括结构化数据、半结构化数据和非结构化数据；另一方面，处理的数据量也日益巨大，已超出了许多传统存储与管理技术的处理能力范围。因此，大数据时代涌现了许多新的数据存储与检索技术。

6.1 大数据存储类型和数据库优缺点对比

6.1.1 大数据存储类型

本节介绍大数据时代的数据存储与管理技术，包括关系数据库、分布式文件系统、NoSQL 数据库、云数据库等。

1. 关系数据库

关系数据库（Relational Database，RD）是基于数据关系模型的数据库，由 E. F. Codd 在 1970 年提出。用于维护关系数据库的数据库管理系统是关系数据库管理系统（RDBMS）。许多关系数据库管理系统都支持使用结构化查询语言（SQL）来查询和更新数据库。在关系数据库中，数据以行和列的形式组织，每行表示一个记录，每列表示一个属性。这种结构使得数据之间可以通过键值（主键和外键）建立关系，从而便于进行复杂的查询和数据分析。

关系数据库具有以下特点：

1）数据结构化：数据以表格形式存储，每个表都具有预定义的结构，包括列名、数据类型和约束等。

2）ACID 事务：关系数据库支持事务，保证数据的原子性（A）、一致性（C）、隔离性（I）和持久性（D）。

3）结构化查询语言：关系数据库通常使用 SQL 进行数据查询和操作。SQL 提供了丰富的查询和操作功能，包括选择、插入、更新、删除等操作。

图 6-1 为关系数据结构图。

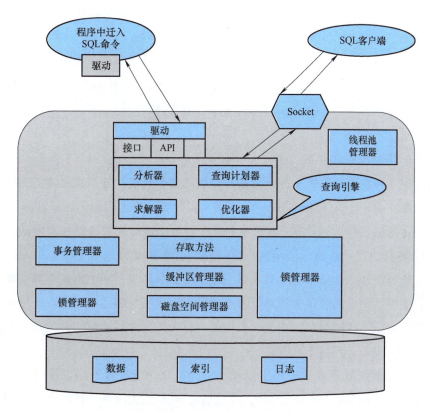

图 6-1　关系数据结构图

常见的关系数据库管理系统包括：

1）MySQL：一个流行的开源关系数据库管理系统，被广泛用于 Web 应用程序的数据存储。

2）PostgreSQL：一个功能丰富的开源关系数据库管理系统，具有高度的可扩展性和灵活性。

3）Oracle Database：一个商业的关系数据库管理系统，被广泛用于企业级应用程序的数据存储和管理。

4）Microsoft SQL Server：一个由微软提供的关系数据库管理系统，适用于 Windows 环境，与其他 Microsoft 产品集成良好。

关系数据库及其管理系统适用于许多不同的应用场景，尤其是需要将数据结构化和复杂查询的应用程序。然而，在处理大规模数据和高并发访问方面，关系数据库可能会面临一些挑战，因此，在选择数据库时需要根据具体的需求和场景进行权衡。

一些重要的关系数据库术语和相应的 SQL 术语见表 6-1。

表 6-1　一些重要的关系数据库术语和相应的 SQL 术语

关系数据库术语	SQL 术语	描　　述
tuple or record	row	表示某个项目的数据集
attribute or field	column	元组的标记元素，如"地址"或"出生日期"
relation or base relvar	table	一组共享相同属性的元组；一组列和行
derived relvar	view or result set	任何元组集；来自 RDBMS 的数据报告，用于响应查询

2. 分布式文件系统

相对于传统的本地文件系统而言，分布式文件系统（Distributed File System）是一种通过网络实现文件在多台主机上进行分布式存储的文件系统。分布式文件系统的设计一般采用"客户端/服务器"（Client/Server）模式：客户端以特定的通信协议通过网络与服务器建立连接，提出文件访问请求；客户端和服务器可以通过设置访问权来限制请求方对底层数据存储块的访问。目前，已得到广泛应用的分布式文件系统主要包括 GFS（Google 文件系统）和 HDFS（Hadoop 分布式文件系统）等，后者是针对前者的开源实现。

普通的文件系统只需要单个计算机节点就可以完成文件的存储和处理，单个计算机节点由处理器、内存、高速缓存和本地磁盘构成。分布式文件系统把文件分布式存储到多个计算机节点上，成千上万的计算机节点构成计算机集群。

与之前使用多个处理器和专用高级硬件的并行化处理装置不同，目前的分布式文件系统所采用的计算机集群都是由普通硬件构成的，这就大大降低了硬件上的开销。分布式文件系统在物理结构上是由计算机集群中的多个节点构成的，如图 6-2 所示。这些节点分为两类：一类叫"主节点"（Master Node），也称为"名称节点"（Name Node）；另一类叫"从节点"（Slave Node），也称为"数据节点"（Data Node）。名称节点负责文件和目录的创建、删除和重命名等，同时管理着数据节点和文件块的映射关系，因此客户端只有访问名称节点才能找到请求的文件块所在位置，进而到相应位置读取所需文件块。数据节点负责数据的存储和读取。在存储时，由名称节点分配存储位置，然后由客户端把数据直接写入相应数据节点；在读取时，客户端从名称节点获得数据节点和文件块的映射关系，然后就可以到相应位置访问文件块。数据节点也要根据名称节点的命令创建、删除和复制数据块。

HBase 是针对 Google BigTable 的开源实现，是一个高可靠、高性能、面向列、可伸缩的分布式数据库，主要用来存储非结构化和半结构化的松散数据。HBase 支持超大规模数据存储，它可以通过水平扩展的方式，利用廉价计算机集群处理由超过 10 亿行和数百万列元素组成的数据。

HBase 系统架构包括客户端（Client）、ZooKeeper 服务器、主服务器（Master）、HRegion 服务器以及 HDFS。

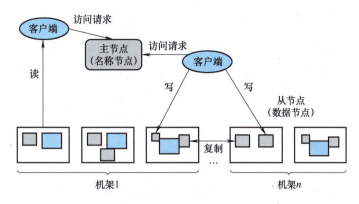

图 6-2 分布式文件系统

1)客户端包含访问 HBase 的接口,同时在缓存中维护已经访问过的 Region(区域)位置信息,用来加快后续数据访问过程。

2)ZooKeeper 服务器存储 HBase 的元数据。无论是读数据还是写数据,都需要去 ZooKeeper 服务器里拿到元数据,然后告诉客户端去哪台机器操作。

3)主服务器是 HBase 的名称节点,负责协调各个区域服务器(RegionServer)节点的工作,管理数据的分布和负载均衡,处理表的创建、删除和修改等元数据操作,以及监控和维护集群的健康状态。

4)HRegion 服务器运行在每个数据节点上,并负责处理客户端的读写请求,管理数据的存储和索引,并与主服务器通信以维护整个集群的状态。

HBase 的系统架构如图 6-3 所示。

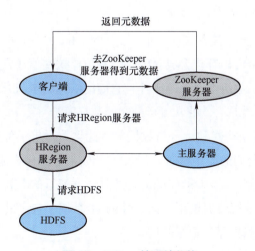

图 6-3 HBase 的系统架构

3. NoSQL 数据库

NoSQL 数据库是一种不同于关系数据库的数据库管理系统设计方式,是对非关系数据库的统称,它所采用的数据模型并非传统关系数据库的关系模型,而是类似键值、列族、文档等非关系模型。NoSQL 数据库没有固定的表结构，通常也不存在连接操作，无须严格遵守 ACID 约束。因此，与关系数据库相比，NoSQL 数据库具有灵活的水平可扩展性，可以支持海量数据存储。此外，NoSQL 数据库支持 MapReduce 风格的编程，可以较好地应用于大数据时代的各种数据管理。NoSQL 数据库的出现，一方面弥补了关系数据库在当前商业应用中存在的各种缺陷，另一方面也撼动了关系数据库的传统垄断地位。NoSQL 数据库的代表有 Cassandra、MongoDB、Redis。

典型的 NoSQL 数据库通常包括键值（Key-Value）数据库、列族（Column Family）数据库、文档（Document）数据库和图（Graph）数据库。NoSQL 数据模型如图 6-4 所示。

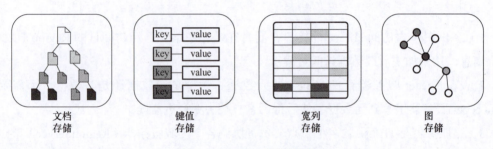

图 6-4　NoSQL 数据模型

1）键值数据库是一种较简单的数据库，其中每个项目都包含键（Key）和值（Value）。它是极为灵活的 NoSQL 数据库类型，这是因为应用可以完全控制值字段中存储的内容，没有任何限制。Redis 和 DynanoDB 是两款非常流行的键值数据库。

2）列族数据库采用宽列存储（Wide-Column），非常适合存储大量数据。Cassandra 和 HBase 是两款非常流行的列族数据库。

3）文档数据库中，数据被存储在类似于 JSON（JavaScript 对象表示法）对象的文档中，非常清晰直观。每个文档都包含成对的字段和值。这些值通常可以是各种类型，包括字符串、数字、布尔值、数组或对象等，并且它们的结构通常与开发者在代码中使用的对象保持一致。MongoDB 就是一款非常流行的文档数据库。

4）图数据库旨在轻松构建和运行与数据集（此类数据集中各个数据元素之间存在大量的关系和关联）一起使用的应用程序。图数据库的典型应用案例包括社交网络、推荐引擎、欺诈检测和知识图形。Neo4j 和 Giraph 是两款非常流行的图数据库。

当应用场合需要简单的数据模型、灵活性的 IT 系统、较高的数据库性能和较低的数据库一致性时，NoSQL 数据库是很好的选择。

4. 云数据库

云数据库是一种托管在云平台上的数据库服务，它提供了可伸缩的存储和计算资源，使用户能够轻松地存储、管理和访问数据。云数据库通常以服务形式提供，用户无需关心底层硬件和软件的维护，通过网络即可访问和使用数据库服务。

在云数据库中，所有数据库功能都是在云端提供的，客户端可以通过网络远程使用云数据库提供的服务，如图 6-5 所示。客户端不需要了解云数据库的底层细节；所有的底层硬件都已经被虚拟化，对客户端而言是透明的。客户端就像使用一个运行在单一服务器上的数据库一样，非常方便、容易，同时客户端可以获得理论上近乎无限的存储和处理能力。

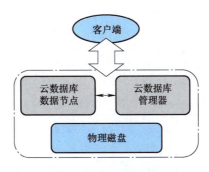

图 6-5 云数据库示意

常见的云数据库服务提供商包括亚马逊（AWS）的 Amazon RDS、微软 Azure 的 Azure SQL Database、谷歌云的 Google Cloud SQL 等。

6.1.2 数据库优缺点对比

1. 关系数据库的优缺点

关系数据库具有以下优点：

1）数据一致性：关系数据库支持 ACID 事务，可以确保数据的一致性。

2）数据完整性：关系数据库提供了丰富的约束条件和数据完整性规则，如主键、外键、唯一约束、默认值等，可以保证数据的完整性。

3）标准化查询语言：关系数据库通常使用 SQL，查询语言具有标准化的查询语法和功能，易于学习和使用。

4）数据结构化：关系数据库以表格形式存储数据，每个表都有预定义的结构，包括列名、数据类型和约束条件，适用于结构化数据的存储和管理。

5）广泛应用：关系数据库已经存在多年并得到广泛应用，有许多成熟稳定的产品可供选择，如 MySQL、Oracle、SQL Server 等。

关系数据库具有以下缺点：

1）不适合大规模数据：关系数据库在处理大规模数据时性能可能受限，因为它们通常是单点架构或主从架构，难以实现横向扩展。

2）成本高昂：商业的关系数据库通常价格较高，包括许可证费用、技术支持费用、硬件成本等，对于小型或创业公司而言成本可能较高。

3）固定模式：关系数据库通常需要在使用前定义表的结构和模式，如果需要频繁修改数据结构或新增字段，则可能会比较烦琐。

2. HBase 的优缺点

HBase 具有以下优点：

1）高可靠性和可扩展性：HBase 构建在 Hadoop 生态系统之上，利用 HDFS 作为其底层存储，因此具有高可靠性和可扩展性。它可以在大规模集群上运行，并且可以轻松地扩展存储容量和处理能力。

2）快速读写访问：HBase 支持实时的读写访问，能够在毫秒级别内处理大量读写请求。这使得它非常适合需要快速访问和更新数据的应用场景。

3）面向列的存储方式：HBase 采用面向列的存储方式，能够高效地存储稀疏数据和半结构化数据。它支持动态列族以及动态列的添加和删除，具有很好的灵活性。

4）与 Hadoop 生态系统集成：HBase 与 Hadoop 生态系统紧密集成，可以与 Hadoop MapReduce、Apache Spark 等组件无缝配合，用于大规模数据处理和分析任务。

HBase 具有以下缺点：

1）复杂性：配置和管理 HBase 集群可能比较复杂，需要考虑数据模型设计、集群部署、负载均衡、性能调优等问题，不熟悉 Hadoop 和分布式系统的人员需要努力学习才能完成相关工作。

2）不适合小规模数据：HBase 通常用于存储和管理大规模数据集，对于小规模数据集来说它可能过于复杂和昂贵。

3）一致性和隔离性：HBase 是一个分布式系统，可能存在一致性和隔离性问题。虽然 HBase 提供了一些机制来确保数据的一致性和完整性，但在一些高并发和分布式事务场景下可能需要额外注意和处理。

3. NoSQL 数据库的优缺点

NoSQL 数据库具有以下优点：

1）横向扩展性：NoSQL 数据库可以轻松地通过添加更多的节点来扩展存储容量和处理能力，适用于满足大规模数据的存储和处理需求。

2）灵活的数据模型：NoSQL 数据库支持各种数据模型，包括键值对数据模型、文档数据模型、列族数据模型和图数据模型等，可以根据数据的特点选择合适的数据模型。

3）高性能和低延迟：NoSQL 数据库通常优化了读写操作的性能和响应时间，在处理大量数据和高并发请求时表现良好，能够实现低延迟的数据访问。

4）适用于非结构化数据：NoSQL 数据库适用于存储和管理非结构化或半结构化数据，如日志数据、文档数据、图像数据等，能够处理各种类型和格式的数据。

5）容错性和高可用性：NoSQL 数据库通常具有自动故障检测和恢复机制，能够在节点故障时自动重新分配数据和恢复服务，保证数据的可用性和可靠性。

NoSQL 数据库具有以下缺点：

1）一致性问题：一些 NoSQL 数据库采用最终一致性（Eventual Consistency）模型，可能在某些情况下导致数据的不一致。

2）缺乏标准化：目前市场上存在各种各样的 NoSQL 数据库，它们的特性、功能和接口有所不同，缺乏统一的标准和规范，从而提高了开发和维护的复杂性。

4. 云数据库的优缺点

云数据库具有以下优点：

1）灵活性和可伸缩性：云数据库提供了灵活的资源调配和自动扩展功能，用户可以根据实际需求动态调整数据库的存储容量和计算资源。

2）高可用性和可靠性：云数据库通常部署在多个不同地理位置的数据中心上，并具有冗余备份和自动故障转移功能，以确保数据的高可用性和可靠性。

3）按需付费和成本效益：云数据库通常采用按需付费的模式，用户只需支付实际使用的资源量，无须提前投入大量资金购买硬件和软件。这种按需付费模式能够降低数据库管理的成本，并提高成本效益。

4）简化管理和维护：云数据库将硬件和软件的管理任务交由云服务提供商负责，用户无须关心底层的硬件和软件维护，能够节省时间和精力，集中精力于业务创新和发展。

云数据库具有以下缺点：

1）依赖互联网连接：云数据库依赖互联网连接来访问和使用，网络连接不稳定或中断可能会影响云数据库的正常运行和访问。

2）数据安全和隐私风险：将数据存储在云上可能会带来数据安全和隐私保护风险，如数据泄露、数据被篡改、数据隐私泄露等问题。用户需要对数据安全和隐私保护进行充分的考虑和管理。

3）性能不稳定：云数据库的性能受到云平台的负载情况、网络延迟等因素的影响，性能可能不稳定或难以预测。

4）供应商锁定：使用云数据库服务可能会使用户对特定的云服务提供商产生依赖关系，如果用户决定切换到其他云服务提供商，则可能会面临数据迁移和应用重构的挑战。

5）数据合规性问题：涉及敏感数据或受监管的行业可能面临数据合规性的挑战，需要确保云数据库服务符合相关的法律法规和行业标准。

6.2 数据库的基本要素、数据模型和事务管理

6.2.1 数据库的基本要素

数据库、数据库管理系统以及数据库系统是数据库技术中不可或缺的三个要素，它们

之间既紧密相连，也各具特点和功能。

1. 数据库

数据库（Database，DB）是一组统一管理的相关数据集合。这些数据按照一定的结构存储在存储介质中，通常是磁盘中。数据库具有以下基本特点：能够为各种用户共享数据，具有最小的冗余度，数据与程序之间具有独立性，由数据库管理系统统一管理和控制。需要注意的是，数据库本身并不是独立存在的，而是数据库系统的一部分。

2. 数据库管理系统

数据库管理系统（Database Management System，DBMS）是对数据库进行管理的软件，是数据库系统的核心。它位于用户与操作系统之间，为用户或应用程序提供访问数据库的方法，包括数据库的创建、更新、查询、统计、显示、打印以及各种数据控制操作。

3. 数据库系统

数据库系统（Database System，DBS）是一个由计算机软件、硬件、数据和人员组成的系统，用于有组织地、动态地存储大量相关数据，并方便用户访问。它由数据库、数据库管理系统、数据库管理员、数据库应用程序和用户五个部分组成。

在数据库系统中，数据库是存放在计算机硬件中的相关联、同时满足应用需求的数据，是数据库系统的处理对象。数据库管理系统则是一种软件，用于管理数据库，是数据库系统的核心。数据库管理员是负责规划、设计、协调、维护和管理数据库的工作人员，其主要职责包括决定数据库的结构和信息内容、定义数据库的存储结构和存取策略、规定数据库的安全性要求和完整性约束条件，以及监控数据库的使用与运行。数据库应用程序是使用数据库语言开发的应用程序，用于满足数据处理需求。用户是数据库系统的使用和操作人员，可以通过数据库管理系统直接操纵数据库，或者通过数据库应用程序来操纵数据库。数据库系统如图 6-6 所示。

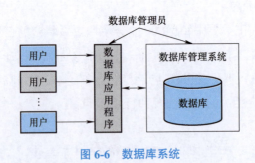

图 6-6　数据库系统

6.2.2　数据模型

数据模型是一种抽象的结构化描述，包含数据结构、数据操作和完整性约束条件三个要素。它有助于理解和组织数据,并为数据库的设计和管理提供指导。数据库系统中常用的数据模型包括层次模型、网状模型和关系模型。

1. 层次模型

层次模型是数据库系统中最早出现的数据模型之一,采用树形结构来表示各类实体及其之间的联系。每个节点都表示一个记录类型,节点之间的联系通过有向边表示。层次模型适合描述一对多的实体联系,并提供良好的完整性支持。

满足以下两个条件的基本层次关系构成了层次模型:

1)存在且仅存在一个节点,没有父节点(也称双亲节点),称为根节点。

2)根节点以外的其他节点有且只有一个父节点。

在层次模型中,实体集由记录表示,每个记录都包含多个字段来描述实体的属性,记录值则表示具体的实体。实体之间的联系以基本层次关系表示。每个记录都可以定义一个排序字段,也称为码字段,用于确定记录的顺序。若排序字段的值是唯一的,则它能唯一标识一个记录值。在层次模型中,记录以节点表示,节点之间的联系以连线表示,通常表现为父子之间的一对多实体关系。具有相同父节点的子节点称为兄弟节点(也称为双胞胎或同级节点),而没有子节点的节点则称为叶节点。层次模型类似倒立的树,只有一个根节点和多个叶节点,节点的父节点唯一。层次模型示例如图 6-7 所示,T_1 为根节点,T_2 和 T_3 都是 T_1 的子节点,T_2 和 T_3 为兄弟节点;T_4 和 T_5 是 T_3 的子节点,T_4 和 T_5 也为兄弟节点;T_2、T_4 和 T_5 为叶节点。

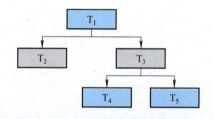

图 6-7 层次模型示例

2. 网状模型

在现实世界中,许多事物之间的联系并不是简单的层次结构,因此层次模型的表示能力有限。这时就需要使用网状模型。在网状模型中,数据以图形结构的方式组织,每个节点都表示一个记录,边则表示记录之间的联系。与层次模型不同,网状模型中的记录之间可以形成复杂的网络关系,而不受单一层次结构的限制。

满足以下两个条件的基本层次联系构成了网状模型:

1)允许一个以上节点没有父节点。

2)节点可以有多个父节点。

网状模型示例如图 6-8 所示。

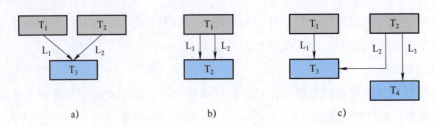

图 6-8 网状模型示例

网状模型与层次模型相似，使用记录和记录值表示实体集和实体。每个节点都表示一个记录，每个记录都可以包含多个字段。网状模型中的联系用有向线段表示，每个有向线段都表示记录间的一对多关系。这种关系在网状模型中称为"系"。由于网状模型中的系比较复杂，两个记录之间可以存在多种系，一个记录允许有多个父记录，因此在网状模型中，系必须命名以标识不同。另外，网状模型中允许存在复合链，即两个记录之间可以有两种以上的联系。

3. 关系模型

关系模型建立在严格的数学概念基础上，是最重要的一种数据模型。当前流行的数据库系统大多数是关系数据库系统。在关系模型中，现实世界的实体以及实体间的各种联系均用单一的结构关系来表示，每个关系的数据结构都是一张规范化的二维表。

关系模型要求关系必须是规范化的，关系的每一个分量都是不可分的数据项。关系模型的术语与说明见表 6-2。

表 6-2 关系模型的术语与说明

术 语	说 明
关系	一个关系对应通常的一张表
元组	表中的一行即一个元组
属性	表中的一列即一个属性，给每一个属性起一个名称即属性名
码	码也称为码键。码是表中的某个属性组，它可以唯一确定一个元组
域	域是一组具有相同数据类型的值的集合，属性的取值范围来自某个域
分量	元组中的一个属性值即分量
关系模式	关系模式是对关系的描述，一般表示为关系名（属性1,属性2,…,属性n）

关系操作的对象和结果都是集合。常用的关系操作包括两大部分：查询操作；插入、删除、修改操作。其中，查询是关系操作中最主要的部分，包括选择、投影、并、差、笛卡儿积等基本操作，其他查询操作可以用基本操作来定义和导出。

早期的关系操作通常用关系代数或关系演算两种方式来表示。关系代数使用对关系的运算来表达查询要求，而关系演算则使用谓词来表达查询要求。关系演算根据谓词变元的基本对象分为元组关系演算和域关系演算。此外，还有一种介于关系代数和关系演算之间的结构化查询语言（SQL），SQL 集查询、数据定义语言、数据操纵语言和数据控制语言于一体。

关系的完整性约束条件包括实体完整性、参照完整性和用户定义的完整性。实体完整性确保关系中的每个实体都有一个唯一的标识符。参照完整性确保关系中的引用完整性，即每个引用关系中的外键值必须与被引用关系中的主键值匹配。用户定义的完整性是用户根据特定业务规则定义的约束条件，确保数据的一致性和正确性。

6.2.3 事务管理

保证事务在并发执行时满足 ACID 准则的技术称为并发控制，保证事务在故障时满足 ACID 准则的技术称为恢复。并发控制和恢复是保证事务正确执行的两项基本措施，它们合称为事务管理（Transaction Management）。

事务访问方式如图 6-9 所示。

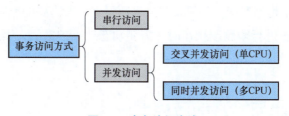

图 6-9 事务访问方式

数据库会发生三类故障。

1）事务失效：发生在事务提交完成前。

2）系统失效：内存数据全部丢失，但外存上的数据库未遭到破坏。

3）介质失效：外存上的数据已遭到破坏，一切已提交的事务对数据库的影响全部丢失。

针对前述数据库会发生的三类故障，对应的恢复措施见表 6-3。

表 6-3 数据库的故障与对应的恢复措施

故障	恢复措施
事务失效	执行撤销（undo）操作；从事务日志中删除该事务的事务标识符（TID），并释放其占用的资源
系统失效	当操作系统和数据库管理系统重启时，通过 undo 操作回滚未完成的事务，通过 redo 操作重做已提交但尚未持久化的事务，以保证数据的一致性和完整性
介质失效	维护系统的健康，包括必要时替换磁盘；重新启动操作系统和数据库管理系统；加载最近的备份副本；利用人工智能技术，重新执行所有已提交事务自备份后的更新操作

6.2.4 数据库索引

（1）索引的概念

数据库索引是数据库管理系统中一种排序的数据结构，用于加快对数据库表数据的查询和更新。通常使用 B 树和 B+ 树等数据结构来实现索引，其中 B+ 树是 MySQL 常用的索引结构。除了存储数据外，数据库系统还维护了一种特定查找算法的数据结构，这些数据结构以某种方式引用数据，即索引。简而言之，索引就像是书籍或字典的目录，方便快速定位所需内容。

（2）索引的作用

1）通过创建索引，可以提高系统的性能。

2）创建唯一性索引可以保证数据库表中每一行数据的唯一性。

3）在使用分组和排序子句进行数据检索时，可以缩短查询中分组和排序的时间。

（3）索引的缺点

1）创建索引和维护索引要耗费时间，而且所耗费的时间随着数据量的增加而延长。

2）索引需要占用物理空间，如果要建立聚簇索引，所需要的空间会更大。

3）对表中的数据进行增删改操作时，需要动态地维护索引，因此可能会增加操作的时间开销。

6.3 数据存储与检索的应用案例

1. 智慧医疗案例

如图 6-10 所示，智慧医疗通过整合各类医疗信息资源，构建了包括医院信息系统（HIS）、实验室信息系统（LIS）、影像存储与传输系统（PACS）、医院资源计划（HRP）等多个基础数据库和系统。这些数据库覆盖了卫生领域的关键信息，为医疗服务奠定了坚实的基础。

医生可以随时随地查阅患者的病历、治疗措施和保险细则，快速制定诊疗方案，从而提高了医疗服务的效率和质量。同时，患者也可以自主选择更换医生或医院，他们的转诊信息和病历可以在任意一家医院通过医疗联网方式调阅，方便患者就医过程中的信息交流和流程管理。

智慧医疗系统的建立，为医疗行业的数字化转型提供了重要支持，促进了医疗资源的优化配置和医疗服务的智能化提升。

2. 智能物流案例

智能物流是大数据在物流领域的典型应用，融合了大数据、物联网和云计算等新兴技术。它使物流系统具备了类似人类智能的能力，实现了物流资源的优化调度、有效配置和系统效率的提升。大数据技术是智能物流发挥重要作用的基础和核心。

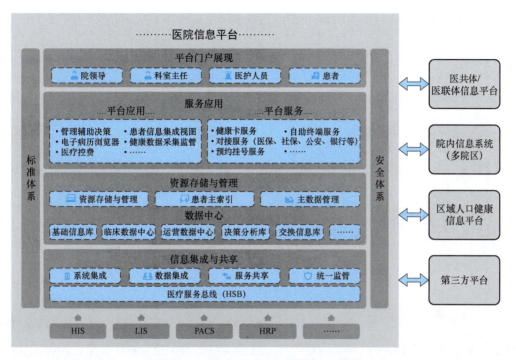

图 6-10 智慧医疗中的数据库应用案例

大数据技术在智能物流中的作用如下：

1）深刻认识物流规律：物流行业在货物流转、车辆追踪、仓储等各个环节中产生海量数据。通过分析这些物流大数据，可以深刻认识物流活动背后的规律，优化物流过程，提升物流效率。

2）提升个性化服务水平：大数据技术推动了物流行业从粗放式服务向个性化服务的转变。通过收集、整理和分析物流企业内外部相关信息，可以为每个客户量身定制个性化产品和服务，提升整体服务水平。

3）创新商业模式：大数据技术的应用甚至可能颠覆整个物流行业的商业模式。通过对数据的归纳、分类、整合、分析和提炼，可以为企业战略规划、运营管理和日常运作提供重要支持和指导，从而推动行业的发展和变革。

智能物流中的数据库应用案例如图 6-11 所示。

3. 智能交通案例

在智能交通领域，数据库系统发挥着关键作用，涵盖了多个方面的应用。遍布城市各个角落的智能交通基础设施（如摄像机、感应线圈、监控设备），每时每刻都生成大量数据，这些数据构成了智能交通大数据。

数据库在智能交通中的应用如下：

1）交通数据管理：数据库用于存储和管理交通数据，包括车辆信息、道路状态、交通事件等的存储和管理。这些数据对交通管理和决策具有重要意义，能够帮助交通管理部门了解交通状况并做出相应的调整。

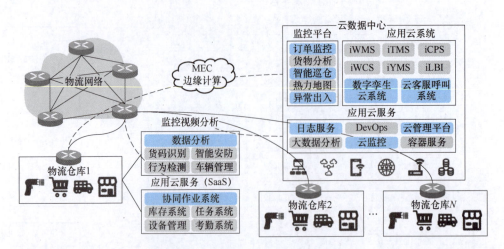

图 6-11　智能物流中的数据库应用案例

2）实时交通监控：数据库支持实时交通监控，交通管理人员可以通过查询实时数据来监控交通情况，并及时调整交通信号等。这种实时交通监控能够帮助交通管理人员快速响应交通事件，有效应对交通拥堵和事故等问题。

3）智能交通管理系统：数据库还用于智能交通管理系统，通过分析历史和实时数据进行交通预测、优化路径规划等智能决策。基于数据库的数据分析和挖掘技术，可以帮助交通管理部门更好地理解交通趋势，制定更有效的交通管理策略，提高交通效率。

智能交通中的数据库应用案例如图 6-12 所示。

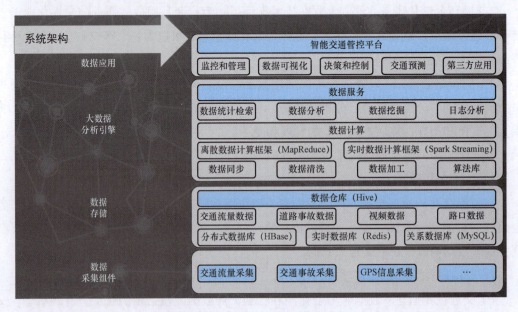

图 6-12　智能交通中的数据库应用案例

6.4 课后思考题

1. 请说明大数据的存储类型有哪些。
2. 请说明云数据库的特点。
3. 请说明数据库的基本要素。
4. 常用数据模型有哪些？分别进行说明。
5. 数据库的应用场景还有哪些？

科学家科学史
"两弹一星"功勋科学家：钱学森

第 7 章

智能产品中的高并发系统设计

课件PPT

在智能产品的开发中,高并发系统设计是一个至关重要的环节。随着智能设备的普及和应用场景的复杂化,智能产品需要同时处理大量并发请求,并保证稳定性和高效性。

7.1 高并发系统的概念、特点、设计目标和挑战

高并发(High Concurrency)是一种系统运行过程中"短时间内遇到大量操作请求"的情况,主要发生在网络服务、数据库系统、Web 服务器等方面,系统需要处理大量用户请求或数据交互的场景(如每年的"双十一")。这种情况下,系统需要具备高效的并发处理能力,以确保用户可以快速地获得响应,并且系统能够稳定地运行而不会因为负载过重而崩溃。图 7-1 是一个未能处理好高并发而导致系统崩溃的示例。

图 7-1 未能处理好高并发而导致系统崩溃的示例

7.1.1 高并发系统的概念

高并发系统面临一个共同的挑战：应对瞬间的大量请求。这种情况就像一家商店突然涌入大批顾客，如果不妥善处理，将会导致排队时间延长、服务速度减慢，甚至引发混乱。为了让系统在这种情况下依然能够顺畅运行，需要采取一系列技术手段来应对"客流高峰期"。想象一下，你是一家商店的老板，突然间有很多顾客涌入，此时你需要迅速调整店内的设施和人员来应对这个突发情况。在高并发系统中，也需要类似的策略。

首先，可以优化高并发系统的硬件设施，比如增加服务器或者提升服务器的性能，就像商店中增加了更多的收银台和更多的服务员。其次，可以对网络进行优化，确保信息能够快速传递，就像商店中开辟了更多的出入口以加快顾客的流动。此外，还可以优化应用程序和数据库，以提升高并发系统的处理能力和效率，就像商店中优化收银系统和库存管理一样。

通过这些优化，系统能够更好地应对高并发的挑战，保证在繁忙时期仍然保持良好的运行状态，避免出现排队、等待和服务中断等问题，从而提升用户体验并确保高并发系统的稳定性。

高并发系统相关性能指标如下：

1）响应时间（Response Time）：从第一次发出请求到收到高并发系统完整响应数据所需时间，直接反映高并发系统响应的快慢。

2）吞吐量（Throughput）：单位时间内高并发系统所处理的用户请求数，直接反映系统的负载能力。

3）每秒请求数（QPS）：服务器在1s内共处理了多少个请求，主要用于"读"请求。

4）每秒事务数（TPS）：服务器在1s内处理的事务数。一个事务包括客户端向服务器发送请求和服务器响应的过程。

5）访问量（PV）：用户对网站中的一个网页访问一次，则被记录1次。

6）独立访客（UV）：访问某个站点或单击某个链接的不同IP地址数。即在同一天内，只记录第一次进入站点的具有独立IP地址的访问者，在同一天内访问者再次访问该站点则不计数。

7.1.2 高并发系统的特点

智能产品的高并发系统应具有以下特点：

1）高并发性能需求：智能产品通常需要处理大量用户请求和数据交互。因此，高并发性能是关键。高并发系统必须能够有效地处理大量并发请求，保持稳定的响应时间和吞吐量。

2）水平扩展性：为了应对高并发需求，高并发系统需要具有良好的水平扩展性。这意味着高并发系统应该能够通过增加硬件资源或者部署更多节点来扩展其处理能力，而不是仅仅依赖于单个服务器的垂直扩展。

3）负载均衡：在高并发系统中，负载均衡是至关重要的。通过将请求分发到多个服务器或处理单元上，负载均衡可以确保系统资源得到有效利用，同时避免任何单个节点过载。

4）缓存机制：智能产品中的高并发系统通常会使用缓存来减轻数据库或其他后端服务的压力。通过缓存热门数据或计算结果，高并发系统可以提高响应速度并减少对底层资源的访问次数。

5）异步处理：为了提高吞吐量和响应速度，智能产品中的高并发系统通常会使用异步处理机制。这意味着某些任务可以在后台异步执行，而不会阻塞主线程或用户请求的处理流程。

6）数据库优化：数据库通常是高并发系统的瓶颈之一。因此，对数据库进行优化是至关重要的。这包括选择合适的数据库引擎、建立有效的索引、分库分表、使用数据库缓存等。

7）故障容错和可恢复性：高并发系统必须具备良好的故障容错能力和可恢复性。这包括实现冗余备份、自动故障检测和修复机制以及实时监控系统状态等。

7.1.3 高并发系统的设计目标

1. 基本设计目标

高并发绝不意味着只追求高性能。从宏观角度看，高并发系统有高性能、高可用以及高可扩展三个基本设计目标，如图 7-2 所示。

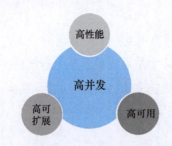

图 7-2 高并发系统的基本设计目标

1）高性能：体现了高并发系统的并行处理能力，在有限的硬件投入下，提高性能意味着节省成本。同时，性能也反映了用户体验。对响应时间分别是 100ms 和 1s 的智能产品，用户的感受是完全不同的。

2）高可用：表示高并发系统可以正常服务的时间。对一个全年不停机、无故障的智能产品，以及另一个隔三差五出现事故、宕机的智能产品，用户肯定选择前者。另外，如果智能产品只能做到90%可用，也会大大拖累业务。

3）高可扩展：表示高并发系统的扩展能力。可扩展体现在流量高峰时能否在短时间内完成扩容，更平稳地承接峰值流量，比如能够应对"双十一"活动、微博热点事件等挑战。

总体来说，智能产品中的高并发系统需要实现高性能、高可用、高可扩展等目标，以确保能够在高负载下保持稳定运行并满足用户需求。

2. 其他设计目标

在设计智能产品的高并发系统时还需要考虑以下设计目标：

1）请求处理管道：为了提高高并发系统的响应速度和吞吐量，可以使用请求处理管道来优化请求的处理流程。通过将请求分解成多个阶段，并行处理这些阶段，可以最大限度地利用系统资源并缩短请求处理时间。

2）限流和熔断机制：为了保护高并发系统不受突发的高负载影响，可以采用限流和熔断机制。限流可以控制请求的并发数量，防止高并发系统被过多的请求压垮；熔断机制则可以在高并发系统出现故障或超负载时暂时关闭某些服务或功能，以保护高并发系统的稳定性。

3）分布式存储和计算：使用分布式存储和计算技术可以帮助高并发系统处理大规模的数据和计算任务。通过将数据和计算任务分布到多个节点上进行处理，可以提高高并发系统的处理能力和可靠性。

4）消息队列：消息队列可以帮助解耦高并发系统的各个组件，并提高高并发系统的可扩展性和可靠性。通过将任务异步发送到消息队列中，可以实现任务的削峰填谷和流量控制，同时减少组件之间的直接耦合。

5）实时监控和报警：建立实时监控系统可以帮助及时发现高并发系统的性能问题和故障，并采取相应的措施进行处理。同时，设置报警规则可以在高并发系统出现异常时及时通知运维人员，以保障高并发系统的稳定性和可用性。

6）容器化和微服务架构：采用容器化和微服务架构可以提高高并发系统的灵活性和可维护性。通过将高并发系统拆分成多个独立的服务，并使用容器技术进行部署和管理，可以实现快速部署、扩展和更新，同时降低高并发系统的耦合度和单点故障风险。

7）全局唯一标识符和分布式事务：在分布式系统中，确保数据的唯一性和一致性是至关重要的。使用全局唯一标识符（GUID）可以避免数据冲突和重复，而分布式事务可以确保跨多个节点的数据操作具有原子性和一致性。

7.1.4 高并发系统面临的设计挑战

智能产品的高并发系统在设计过程中会面临一系列挑战：

1）竞争条件：当多个并发请求同时对共享资源进行读写操作时，可能会出现竞争条件。如果不加以处理，竞争条件可能导致数据不一致或者意外的行为。因此，需要采取适当的并发控制机制如锁或事务,来确保数据的一致性和完整性。

2)数据一致性:在分布式系统中,保持数据的一致性是一个挑战。由于数据存储在不同的节点上,并且可能存在网络延迟或故障,因此需要采取特殊的方法来确保数据的一致性,如使用分布式事务或者最终一致性模型。

3)网络通信延迟:在分布式高并发系统中,网络通信延迟是不可避免的。高并发系统需要处理大量网络请求,并且要求低延迟的响应。因此,需要采取一些措施来减少网络通信延迟,如优化网络拓扑结构、采用异步通信模式等。

4)系统监控和调优:高并发系统的监控和调优是一个持续的过程。由于高并发系统的负载和需求可能随时发生变化,因此需要建立有效的监控系统来实时监测系统的性能指标,并采取相应的调优措施来保证高并发系统的稳定性和可靠性。

5)安全性和隐私保护:智能产品通常涉及用户的敏感数据和个人信息,因此安全性和隐私保护是至关重要的。高并发系统需要采取一系列安全措施如身份认证、访问控制、数据加密等,来保护用户数据的安全和隐私。

6)版本控制和部署管理:随着高并发系统的不断迭代和更新,版本控制和部署管理变得至关重要。高并发系统需要具备灵活的版本控制和部署管理机制,以确保高并发系统的稳定性和可维护性,并最大限度地缩短版本升级和部署过程中的停机时间。

7)成本和资源管理:构建和维护高并发系统可能需要大量资源和成本投入,包括硬件资源、人力资源以及运维成本等。因此,需要对资源进行有效的管理和优化,以确保高并发系统能够以最低的成本提供稳定和高性能的服务。

7.2 高并发系统的设计原则、设计方法与策略

高并发系统设计的核心在于能够有效处理大量并发请求,保持高可用性、稳定性和快速响应能力。为了实现这一目标,需要遵循一系列设计原则,并采用各种方法和策略。

7.2.1 高并发系统的设计原则

对于高并发系统来说,需要根据不同的需要确立不同的原则。典型的智能产品高并发系统的设计原则如下:

(1)分布式架构设计原则

分布式架构设计原则通常是根据业务和系统规模确立的。如果系统规模较大,需要支持高并发和容错性,那么就需要进行分布式架构设计,如图7-3所示。

比如一家连锁超市的业务不断扩张,规模逐渐增大,那么采用分布式架构设计就成为一个明智的选择。这样,各个分店就像高并发系统中的一个节点,分店之间既可以共享资源,又可以处理各自的业务,并且在一定程度上保证了高并发系统的负载均衡和容错性。

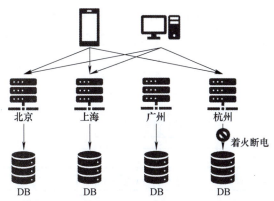

图 7-3　高并发系统中的分布式架构设计

（2）缓存设计原则

缓存可以减轻数据库的负载，提高高并发系统的响应速度。当用户需要查询某数据时，首先会查询缓存。如果缓存中存在该数据，则直接返回；如果缓存中不存在该数据，则从数据库中查询，并将查询结果放入缓存。从缓存读取数据如图 7-4 所示。但是，缓存也存在一些问题，如缓存雪崩、缓存穿透等。因此，在设计缓存时需要考虑缓存的清理策略、缓存的数据一致性等问题。

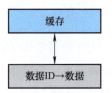

图 7-4　从缓存读取数据示意图

依然以超市运营为例，柜台上摆放了常见的商品，比如糖果、饮料等。这些商品就像是缓存中的数据，能够快速被顾客获取，减少了顾客在寻找商品时的时间成本，提高了顾客的购物体验。

（3）异步消息处理原则

采用异步消息处理可以分散高并发系统的压力，提高并发性。异步消息处理的主要问题就是消息的顺序性问题。异步消息处理如图 7-5 所示。比如在超市中，顾客将商品放入购物篮的这个过程就可以类比为消息生产者发送消息到消息中间件。顾客不需要等待收银员结账，而是继续浏览商品或者在超市里走动。这样就分散了结账压力，提高了并发性，类似于异步消息处理的效果。

（4）数据库设计原则

数据库设计需要考虑表设计的规范化和冗余度等问题。在高并发场景下，还需要考虑数据库的读写性能、索引的设计等问题。比如在超市智能化建设过程中，需要一个超市的库存管理系统记录所有商品的库存情况，就相当于高并发系统中的数据库。

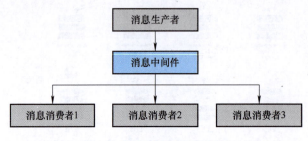

图 7-5　异步消息处理示意图

（5）负载均衡原则

负载均衡是实现高并发的关键技术之一。负载均衡可以将请求分散到多台服务器上，实现更好的性能和可用性，如图 7-6 所示。但是负载均衡无法考虑服务器的实际负载情况，可能导致某些服务器负载过重，影响性能。

图 7-6　负载均衡示意图

超市的收银台就像服务器，负责处理顾客结账的请求。在高峰时段比如周末或者节假日，大量的顾客需要结账。这时，如果只有一个收银台处理所有结账请求，可能会导致排队等待时间过长，影响顾客的购物体验。所以需要一个店长（负载均衡器）给各个店员分配收银台（服务器），将顾客分到不同收银台的队伍，这样每个收银台的队伍长度差不多。

（6）安全性设计原则

在高并发场景下，安全性设计也非常重要。既需要考虑数据的加密、防止 SQL 注入等问题，同时也需要考虑分布式攻击的问题如 DDoS（分布式拒绝服务）攻击等。还是沿用超市的例子，在进行购物结算时，收银员可能需要处理顾客的信用卡信息或者其他敏感信息。为了保护顾客的隐私和资产安全，超市可能会采用数据加密技术对这些信息进行加密存储和传输，从而确保信息的安全性和机密性。

7.2.2　高并发系统的设计方法与策略

1. 分布式架构设计方法与策略

分布式架构是现代系统设计中的一种重要方法，通过将系统的各个部分分布在多个节点上，来提高可扩展性、可用性和性能。分布式架构框架如图 7-7 所示。

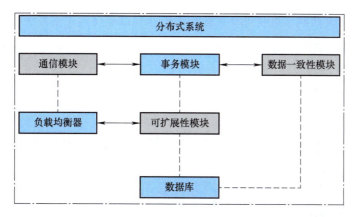

图 7-7　分布式架构框架

（1）设计通信模块

分布式系统中的各个节点需要进行通信，通信模块需要支持高并发、低延迟、低丢包率等特性。通信模块还需要支持负载均衡和容错性，以保证可用性。

在连锁超市中，分店之间需要进行信息交流，比如库存信息、销售数据等。这就好比分布式系统中的节点之间需要进行通信。设计一个高效可靠的通信模块，从而保证节点之间能够及时、准确地交换数据。

（2）设计事务模块

分布式系统中的各个节点需要进行事务处理，事务模块需要保证事务的一致性和隔离性。在分布式事务中，需要考虑事务协调器、事务参与者、事务管理器等角色的实现。

当顾客在连锁超市不同分店购买商品时，可能需要进行跨店结算，这就涉及分布式事务处理。设计一个可靠的分布式事务模块，需要有良好的事务协调和管理机制，以保证数据的一致性和完整性。

（3）设计数据一致性模块

分布式系统中的各个节点需要共享数据，数据一致性模块旨在保证数据的一致性和可靠性。在数据一致性模块中，需要考虑数据同步、数据版本控制、数据容错等问题。

在连锁超市中，各个分店需要共享一些全局数据，比如商品价格、促销活动等信息。这就涉及数据共享与一致性问题。设计一个有效的数据一致性模块能够确保节点之间的数据同步和更新，需要有可靠的数据版本控制和同步机制，以保证数据的一致性和可靠性。

（4）设计可扩展性模块

分布式系统中的节点应能动态加入或退出，可扩展性模块需要支持快速的节点扩容和缩容。在可扩展性模块中，需要考虑节点发现、节点管理、节点负载均衡等问题。

随着连锁超市业务不断扩张，可能需要开设新的分店或者关闭一些不合适的分店。这就涉及可扩展性问题。设计一个可扩展性模块，能够确保随时根据业务需求动态地增加或减少节点,需要有灵活的节点管理和负载均衡机制,以确保高并发系统的稳定运行和业务的持续发展。

2. 缓存设计方法与策略

缓存设计方法与策略如图 7-8 所示。

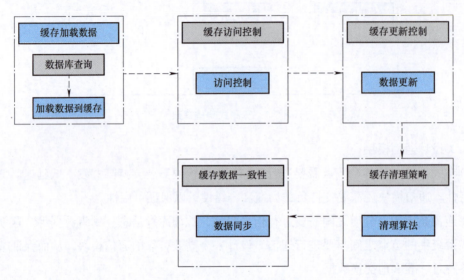

图 7-8　缓存设计方法与策略

(1)缓存加载数据

首先需要明确,缓存是为了减轻数据库负载的,因此缓存中存储的数据应该是数据库中已有的数据。在缓存第一次被访问时,需要从数据库中加载数据,并将数据存储在缓存中,以便下次访问时可以直接从缓存中获取数据,减轻数据库负载。

比如在超市中,库存管理系统中的商品信息就像是数据库中的数据。当有顾客询问某个商品的库存情况时,收银员可以首先从库存管理系统中查询该商品的信息,然后将这些信息存储在收银台旁边的信息板上,以便其他顾客快速查看。

(2)缓存访问控制

缓存中存储的数据应该被所有访问该数据的用户共享。

比如超市的信息板上展示的商品信息是供所有顾客查看的。为了缓存中存储的数据能够被所有访问该数据的用户共享,需要对缓存的访问进行控制,保证不同用户访问的是同一份数据。

(3)缓存更新控制

当数据库中的数据发生变化时,缓存中的数据也需要相应更新,否则会导致缓存中的数据与数据库中的数据不一致。因此,需要在缓存中实现数据更新的机制。

比如当超市的库存发生变化时——某种商品的库存数量发生了变化,收银员会及时更新信息板上的商品信息,以保证顾客获取的信息是最新的。

(4)缓存清理策略

缓存中的数据可能会占用较多的内存空间,因此需要进行缓存清理,释放一些内存空间。缓存清理策略包括基于时间的清理、基于空间的清理、基于使用频率的清理等。

比如信息板上的商品信息可能会过时——某种商品已经下架或者售罄了,收银员会定期清理信息板上的过期信息,以释放空间。

(5)缓存数据一致性

缓存中存储的数据和数据库中存储的数据应该保持一致。当缓存中的数据和数据库中的数据不一致时,需要进行数据同步。

比如信息板上展示的商品信息应该和实际库存情况保持一致,否则会误导顾客。因此,收银员需要及时更新信息板上的信息,确保其与实际情况一致。

3. 异步消息处理的方法与策略

(1)异步消息的发送

异步消息发送的主要步骤是:客户端发送消息到消息中间件,消息中间件接收并处理、存储消息,消息中间件将消息发送给消息消费者。

在超市中,假设总部需要通知各个分店某种商品库存调整,如降价促销。这时,总部的工作人员可以将这个消息发送到超市的消息中间件,比如总部的信息系统。消息中间件负责接收来自总部的消息,并在消息队列或主题中存储这些消息。一旦消息存储在消息队列或主题中,消息中间件就会将消息发送给注册的消息消费者,即各个分店的工作人员。

(2)异步消息的处理

异步消息处理的主要步骤是:消息消费者从消息队列中获取消息,消息消费者进行消息处理,消息消费者将处理结果发送到消息中间件。

在超市的场景中,消息消费者可以是各个分店的仓库管理员。他们会从总部或者中央仓库的消息队列中获取消息,比如新货物到货或者库存调整的通知。仓库管理员收到消息后,会根据通知进行相应的处理,比如检查新货物的品质、安排货架摆放或者更新库存信息。处理完成后,仓库管理员可能需要将处理结果或者相关信息反馈给总部或者其他部门,以便跟踪库存变化或者进一步处理。

4. 数据库设计方法与策略

(1)规范化设计

一是根据实际需求确定数据库的规范化程度,选择适当的规范化方法。二是设计关系模式,将实体及其属性转化为关系模式。三是设计表格,规划表格的结构,确定主键、外键、索引等。

超市的库存管理系统可能存在冗余数据,比如商品信息在多个表格中重复存储。通过规范化设计,可以消除冗余数据。对于不可避免的冗余数据,可以采用合适的方法进行优化,如将冗余字段合并到一个表格中。

（2）高并发场景下的读写性能

一是选择合适的数据库系统和存储引擎。二是设置合适的缓存机制，如缓存预热、缓存更新等。三是设计合理的数据库访问策略，如读写分离、分库分表、垂直拆分、水平拆分等。

比如在超市的库存管理系统中，可能存在大量的读写操作，特别是在促销活动或购物高峰期间。为了提高数据库的读写性能，可以选择适当的数据库系统和存储引擎，设置合适的缓存机制，并设计合理的数据库访问策略。

（3）索引的设计

首先，分析常用的查询语句，确定需要建立索引的字段。然后，设计合理的索引类型和结构，如 B+ 树、哈希索引等，确保索引能够加速查询操作。对于复合索引，确定索引字段的顺序。

比如为了提高数据库查询效率，超市的库存管理系统需要合理设计索引。

5. 负载均衡设计方法与策略

负载均衡设计方法与策略如图 7-9 所示。

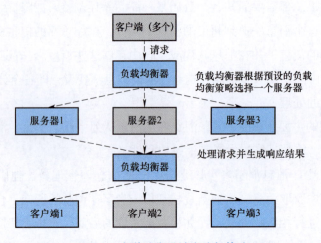

图 7-9　负载均衡设计方法与策略

（1）容器启动

启动多台服务器作为节点，每台服务器上部署相同的代码和应用程序。

假设一个连锁超市希望通过多台收银机来处理顾客的结账请求。首先，在每台收银机上部署相同的收银软件，确保它们可以执行相同的功能和任务。然后，将这些收银机作为节点，启动它们，使它们成为整个高并发系统的一部分。

（2）负载均衡策略

选择一种合适的负载均衡策略如轮询、加权轮询、随机、最小连接数等，将请求分配到不同的节点。

1)轮询(Round Robin):轮询算法会按照事先设定的顺序依次将请求分发给后端服务器,每个请求依次被分配到不同的服务器上。当一个请求到来时,负载均衡器会将其转发给下一个服务器,直到所有服务器都被遍历过一次,然后再从第一个服务器开始。

2)加权轮询(Weighted Round Robin):加权轮询算法在轮询算法的基础上进行了改进,可以根据服务器的性能和负载情况来动态调整权重。服务器的权重越高,接收到请求的概率就越大,从而实现了更灵活的负载均衡。

3)随机(Random):随机算法会随机选择一个后端服务器来处理每个请求,每个服务器被选中的概率相等。随机算法不考虑服务器的负载情况,请求的分发是完全随机的。尽管随机算法实现简单,但无法保证每个服务器的负载均衡,可能导致某些服务器负载过重。

4)最小连接数(Least Connections):最小连接数算法会优先将请求分发给当前连接数最小的后端服务器,以实现负载均衡。这样可以确保负载更加均衡,避免某些服务器被过度请求。最小连接算法需要负载均衡器实时监控每个服务器的连接数,并选择连接数最小的服务器来处理请求。

以轮询策略为例,当顾客排队结账时,负载均衡器会依次将每个顾客的结账请求分配给不同的收银机,确保每台收银机都有机会处理请求。

(3)请求分发

当有请求到来时,负载均衡器根据负载均衡策略选择一个服务器,将请求转发给该服务器处理。

比如当有顾客到收银台准备结账时,负载均衡器会根据选择的负载均衡策略,在多台收银机中选择一台,并将顾客的结账请求转发给该收银机处理。这样做可以确保每台收银机都参与到工作中,避免某台收银机负载过重而导致整体性能下降。

(4)响应收集

服务器处理请求后,将响应结果返回给负载均衡器。

比如选定的收银机收到顾客的结账请求后,会开始处理该请求并生成相应的结账结果。一旦处理完成,该收银机就会将结账结果返回给负载均衡器。

(5)响应返回

负载均衡器将服务器的响应结果返回给请求方,完成一次负载均衡过程。

比如负载均衡器会将收到的结账结果返回给顾客,告知他们结账情况。

6. 安全性设计方法与策略

安全性设计方法与策略如图 7-10 所示。

(1)数据加密

数据加密步骤如下:选择合适的加密算法,常见的包括 AES(高级加密标准)、DES(数据加密标准)、RSA 算法等,给数据设定密钥,确保只有拥有密钥的人才能解密数据。对敏感数据进行加密处理,以保证数据在传输、存储等环节中不被窃取或篡改。

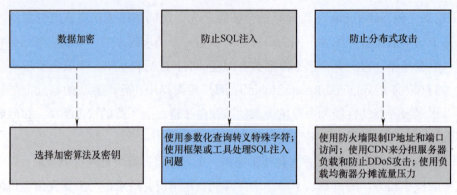

图 7-10　安全性设计方法与策略

以超市为例，当顾客在超市注册会员或者进行在线购物时，对他们提供的个人信息需要进行加密处理，对他们提供的支付信息如信用卡号、CVV 码（安全校验码）、有效期等也需要进行加密处理。

（2）防止 SQL 注入

防止 SQL 注入步骤为：使用参数化查询而不是拼接字符串，对输入的特殊字符进行转义处理，如单引号、双引号等；使用框架或工具来处理 SQL 注入问题，如 MyBatis、Hibernate 等。

比如当顾客在超市系统中进行注册或登录时，系统应该对输入的用户名、密码等数据进行验证和过滤。例如，系统可以使用正则表达式验证用户名和密码的格式，过滤掉包含特殊字符的输入，从而防止恶意的 SQL 注入攻击。

（3）防止分布式攻击

防止分布式攻击的步骤如下：使用防火墙来限制 IP 地址和端口访问，使用 CDN（内容分发网络）来分担服务器负载和防止 DDoS 攻击，使用负载均衡器来分摊流量压力，以提高整体的可用性和稳定性。

比如超市的服务器集群可以通过负载均衡器来分摊流量压力，提高系统的可用性和稳定性。负载均衡器可以将来自用户的请求均匀分发到多个服务器上，以确保每个服务器都能够处理适当的负载。当某个服务器遭受攻击时，负载均衡器可以自动将流量重定向到其他正常运行的服务器上，从而防止系统崩溃或服务中断。

7.3　智能产品中高并发系统的应用案例

高并发系统在智能产品中扮演着不可或缺的角色，其广泛应用不仅为用户提供了高效的服务体验，而且为智能产品的性能提升和保障业务稳定性做出了重要贡献。智能产品通常需要处理大量用户请求和数据交互，高并发系统正是能够应对这种大规模用户请求和数据交互的利器。下面将介绍一些实际应用案例，展示它们是如何应对挑战，提供稳定、高性能服务的。

(1) 电商平台

电商平台如淘宝、拼多多、京东等面临大量用户访问和交易请求，这些平台需要支持数百万甚至数亿用户同时在线，以及成千上万的交易请求。为了应对这种高并发需求，电商平台通常采用分布式架构、负载均衡和缓存技术等，保证系统的高可用性和稳定性。

(2) 社交媒体平台

社交媒体平台如微博等每天都面临海量的用户发布内容、评论、点赞等行为，这些平台需要能够实时处理大量用户交互请求，并且要保证消息的实时传递和内容的快速更新。为了应对高并发需求，社交媒体平台通常采用分布式存储和计算、消息队列、实时推送等技术。

(3) 在线视频平台

在线视频平台如抖音、快手等每天都有大量用户同时观看视频内容，这些平台需要能够实时处理用户的视频播放请求，并且要保证视频的流畅播放和高清画质。为了应对高并发需求，在线视频平台通常采用 CDN、流媒体传输技术、视频压缩和缓存等技术。

(4) 金融交易系统

金融交易系统如股票交易所、支付网关等需要能够实时处理大量交易请求，并且要保证交易的安全性和一致性。为了应对高并发需求，这些系统通常采用高性能的交易引擎、分布式数据库、实时监控和风险管理等技术。

(5) 在线游戏平台

在线游戏平台如腾讯游戏、网易游戏等需要能够实时处理大量玩家登录、游戏匹配、游戏数据同步等请求，并且要保证游戏的流畅性和稳定性。为了应对高并发需求，这些平台通常采用分布式游戏服务器、消息队列和实时通信等技术。

(6) 智能家居系统

在智能家居系统设计中，如图 7-11 所示，消息队列、实时通信系统、数据库集群等组件采用分布式架构，以提高智能家居系统的扩展性、容错性和性能。在缓存系统中使用缓存技术如 Redis、Memcached 等，缓解数据库压力，提高系统性能和响应速度。利用消息队列实现异步消息处理，对请求和消息做异步处理，提高系统的吞吐量和稳定性。采用数据库集群、主从复制等技术，保证数据库的高可用性、数据一致性和性能。在负载均衡设备上配置负载均衡策略，均衡服务器的负载，避免单点故障，提高系统的可用性和性能。在安全防护设备上配置安全防护策略，保护系统免受网络攻击、恶意访问等威胁，确保智能家居系统的安全性和稳定性。

这些组件共同构成了一个健壮的高并发系统架构，保证了高并发下的智能家居系统的稳定性。

通过观察实际应用中的成功案例，我们可以汲取许多宝贵的经验：

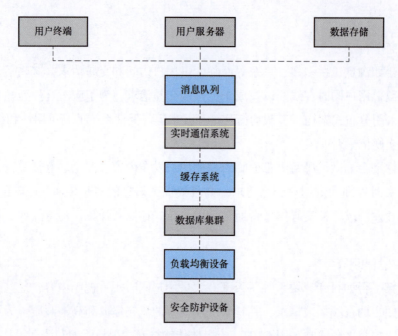

图 7-11　智能家居系统设计整体思路图

1）高可用性架构设计：成功的高并发系统通常采用高可用性架构设计，包括负载均衡设备、分布式存储技术和故障切换机制等。负载均衡设备如 Nginx、HAProxy 等，能均衡服务器的负载，避免单点故障，确保高并发系统在面对故障或者在负载增加时仍然能够保持稳定运行。分布式存储技术如 Hadoop、Cassandra 等，可以有效管理海量数据，提供高效的数据存储和访问。故障切换机制可以在高并发系统出现问题时迅速切换到备用系统，保证服务的连续性。

2）性能优化和缓存机制：为了提高高并发系统的响应速度和吞吐量，成功的高并发系统通常采用性能优化和缓存机制。CDN 如 Cloudflare、Akamai 等，可以将内容分发到全球各地节点，减少用户访问的延迟。缓存技术如 Redis、Memcached 等，可以缓存热门数据，减少对底层资源的访问次数，提升高并发系统性能。异步处理机制可以将长时间的操作放在后台处理，提高高并发系统的响应速度。

3）分布式架构和微服务设计：成功的高并发系统通常采用分布式架构和微服务设计，将系统拆分成多个独立的服务。每个服务都可以独立开发、部署和管理，采用容器化技术如 Docker、Kubernetes 进行部署和管理，以提高高并发系统的灵活性、可扩展性和可维护性。微服务架构使得高并发系统更易于扩展和升级，每个服务都可以独立地进行扩展和优化。

4）实时监控和自动化运维：成功的高并发系统通常具备实时监控系统，并采用自动化运维工具。实时监控系统如 Prometheus、Grafana 等，可以及时发现和解决性能问题和故障。自动化运维工具如 Ansible、Chef、Puppet 等，可以提高运维效率和高并发系统稳定性，降低人工干预的可能性。

通过这些措施，智能家居系统可以在高并发环境下保持稳定和高效运行。这些技术和策略的综合应用，能够确保高并发系统在面对各种挑战时依然能够提供可靠的服务，满足用户的需求。

总结上述应用案例，高并发系统的作用不仅体现在技术层面，而且体现在智能产品的用户体验和商业竞争力上。未来，随着智能产品的不断发展，高并发系统将继续发挥关键作用，推动技术进步和产业升级。

7.4 课后思考题

1. 什么是高并发？并举例说明何时会发生高并发？
2. 简述高并发系统的性能指标。
3. 简述在高并发系统中为什么分布式架构比较受青睐，比如微博要在全国各地建立服务器基站，并介绍分布式架构设计方法和策略。
4. 简述负载均衡策略，并对其优缺点进行论述。
5. 缓存的作用是什么？缓存设计时需要面对哪些问题？应制定哪些策略？

科学家科学史
"两弹一星"功勋科学家：屠守锷

第 8 章

智能产品中的网络通信与多数据处理

课件PPT

8.1 网络通信的基本概念和常见网络协议

8.1.1 基本概念

网络通信是当今社会信息交流的基础，它使得地球上的数十亿台设备能够相互连接并交换信息。从简单的电子邮件到复杂的实时视频会议，网络通信贯穿我们日常生活的方方面面。

本节将介绍网络通信的基本概念，包括数据传输方式、数据传输模式、通信协议和数据传输过程等。网络通信的基本框架如图 8-1 所示。

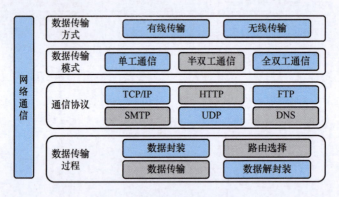

图 8-1 网络通信的基本框架

1. 数据传输方式

（1）有线传输

有线传输在许多场景中仍然具有重要的应用价值，尤其是在需要高可靠性、高带宽和低延迟的情况下。有线传输主要包括以太网、光纤通信和串行通信等方式。

1）以太网：以太网是最常见的局域网技术，采用双绞线或光纤作为传输介质，具有高带宽、低延迟、高可靠性、强稳定性等特点。广泛应用于智能家居、工业自动化、数据中心等需要稳定和高速网络连接的场景。

2）光纤通信：光纤通信利用光纤进行数据传输，具有极高的传输速率和带宽，具有超高带宽、低衰减、抗电磁干扰、传输距离远等特点。主要用于数据中心、长距离通信、城域网和骨干网，适用于需要大容量数据传输的智能产品和系统。

3）串行通信：串行通信是一种数据传输方式，通过单根数据线顺序传输数据位。常见标准有 RS-232、RS-485、RS-232C 和 RS-422 等。具有简单、成本低、适合短距离低速数据传输等特点。广泛用于嵌入式系统、工业控制、智能设备间的数据传输。

（2）无线传输

无线传输是指通过无线介质进行数据传输的方式。无线传输主要包括 Wi-Fi、蓝牙、ZigBee、LoRa 和 NB-IoT 等方式。

1）Wi-Fi：广泛应用于家庭和办公环境中的智能设备，如智能音箱、智能灯泡、安防摄像头等。具有高带宽、广覆盖、易部署，适合需要频繁数据传输的设备等特点。

2）蓝牙：主要用于短距离通信的设备，如智能手表、无线耳机、健身追踪器等。具有低功耗、低延迟、简单配对，适合近距离数据传输和低功耗设备等特点。

3）ZigBee：主要用于智能家居设备的组网，如智能灯控系统、智能锁、环境传感器等。具有低功耗、低数据速率、网状网络结构，适合大规模设备连接和组网等特点。

4）LoRa：用于需要广覆盖和低功耗的物联网设备，如农业监控、智能城市、资产跟踪等。具有远距离通信、低功耗、低数据速率，适合广域网设备连接等特点。

5）NB-IoT：适用于需要广覆盖和低功耗的物联网应用，如智能水表、智能停车、环境监测等。具有广度和深度覆盖、低功耗、高连接密度，适合大规模物联网设备连接等特点。

2. 数据传输模式

1）单工通信：单工通信是指数据只能在一个方向上传输，接收方无法向发送方发送数据。如广播电台向收听者发送广播信号。

2）半双工通信：半双工通信是指数据可以在两个方向上传输，但不能同时传输。如对讲机的通信，同一时间只能有一方说话，另一方只能听。

3）全双工通信：全双工通信是指数据可以在两个方向上同时传输，发送方和接收方可以同时发送和接收数据。如电话的通信，双方可以同时说话和听对方说话。

3. 通信协议

下面列举常见的网络协议，具体介绍请见 8.1.2 节。

1）TCP/IP：TCP/IP 是互联网通信的基础协议，包括 TCP（传输控制协议）和 IP（互联网协议）两个子协议。TCP 负责数据的可靠传输，而 IP 负责数据包的路由和传输。

2）UDP：UDP 是用户数据报协议，提供了一种无连接的数据传输服务，常用于实时通信和流媒体传输等场景。与 TCP 不同，UDP 不保证数据的可靠传输。

3）HTTP：HTTP 是超文本传送协议，用于在 Web 浏览器和 Web 服务器之间传输超文本文档，是 Web 数据传输的基础。HTTP 通常基于 TCP/IP 来传输数据。

4）FTP：FTP 是文件传送协议，用于在客户端和服务器之间传输文件，支持文件上传、下载和管理等功能。

5）SMTP：SMTP 是简单邮件传送协议，用于在邮件服务器之间传输电子邮件，实现电子邮件的发送功能。

6）DNS：DNS 是域名系统，用于将域名转换为 IP 地址，实现域名到 IP 地址的映射，从而使用户可以通过域名访问到相应的网络资源。

4. 数据传输过程

1）数据封装：发送方将要传输的数据分割成数据包，并添加一些控制信息，如源地址、目标地址、校验和等，形成完整的数据帧或数据包。

2）路由选择：数据包在网络中传输时，经过多个网络设备，每个设备都根据路由表决定将数据包转发到下一个设备，直至达到目标地址。

3）数据传输：数据包通过网络传输到目标地址，经过多个网络设备中转。

4）数据解封装：接收方接收到数据包后，将数据包解封装，并根据控制信息恢复原始数据，完成数据传输过程。

8.1.2　常见网络协议

网络协议是规定数据在网络中传输和交换的规范和标准，它们定义了数据传输的方式、通信过程和数据格式等重要内容。本节将重点介绍几种常见的网络协议，包括 TCP/IP、HTTP/HTTPS、FTP、SMTP/POP3/IMAP 和 DNS 等，常用通信协议框架图如图 8-2 所示。通过学习本节内容，读者将了解网络通信的基础知识以及常见网络协议的工作原理和通信过程，从而为能够将网络技术应用在智能产品设计中打下坚实的基础。

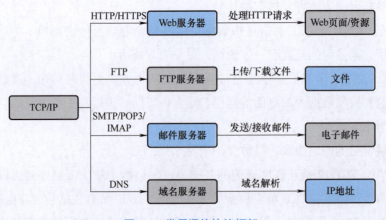

图 8-2　常用通信协议框架

1. TCP/IP

（1）工作原理

1）TCP（传输控制协议）：建立可靠的连接，保证数据的可靠传输。通过三次握手建立连接，利用序号、确认和重传机制确保数据的完整性和顺序性。

2）IP（互联网协议）：负责数据包的路由和传输。IP 将数据包从源地址传输到目标地址，通过 IP 地址实现不同设备之间的通信。

（2）常见用途

1）TCP 用于需要可靠传输的应用，如网页浏览、文件下载等。

2）IP 用于路由数据包，实现网络之间的通信。

（3）通信过程

1）发送方应用程序将数据交给 TCP 层，TCP 层根据数据量大小将数据分割成合适的数据段，并添加 TCP 头部信息。

2）TCP 层将数据段传递给 IP 层，IP 再添加 IP 头部信息形成数据包。

3）数据包通过网络传输到目标地址。

4）接收方 IP 层接收到数据包后，根据 IP 头部信息将数据包传递给 TCP 层。

5）TCP 层根据序号和确认号重组数据段，并交给应用程序处理。

2. HTTP/HTTPS

（1）工作原理

1）HTTP（超文本传送协议）：采用客户端/服务器模式，通过请求-响应方式传输数据。基于 TCP/IP，使用明文传输数据。

2）HTTPS（超文本传输安全协议）：在 HTTP 基础上添加了 SSL/TLS 协议进行加密，保护数据的安全性。

（2）常见用途

1）HTTP 用于 Web 浏览器和 Web 服务器之间传输超文本文档。

2）HTTPS 用于保护网站的安全性，特别是在进行敏感信息传输时，如登录、支付等。

（3）通信过程

1）客户端发送 HTTP 请求到服务器。

2）服务器接收到请求后，处理请求并返回 HTTP 响应。

3）客户端接收到响应后，解析数据并显示在浏览器中。

3. FTP

（1）工作原理

FTP（文件传送协议）：用于在客户端和服务器之间传输文件。基于 TCP/IP，支持多种数据传输模式，如 ASCII（美国信息交换标准码）模式和二进制模式。

（2）常见用途

1）用于网站文件上传、下载、备份等。

2）用于远程文件管理和共享。

（3）通信过程

1）客户端连接到 FTP 服务器。

2）客户端发送用户名和密码进行身份认证。

3）客户端发送 FTP 命令进行文件操作，如上传、下载、删除等。

4）服务器响应客户端的命令，并执行相应操作。

4. SMTP/POP3/IMAP

（1）工作原理

1）SMTP（简单邮件传送协议）：用于发送电子邮件。

2）POP3（邮局协议第 3 版）：用于从邮件服务器收取邮件。

3）IMAP（互联网消息访问协议）：也用于从邮件服务器收取邮件，相比 POP3 具有更多的功能和更强的灵活性。

（2）常见用途

1）用于电子邮件的发送和接收。

2）支持邮件的存储和管理。

（3）通信过程

1）客户端连接到邮件服务器，并进行身份认证。

2）客户端发送相应的协议命令，如发送邮件、收取邮件等。

3）服务器接收到命令后，执行相应的操作，并返回响应结果给客户端。

5. DNS 协议

（1）工作原理

DNS（域名系统）：将域名转换为 IP 地址的协议。通过域名解析器和域名服务器实现域名到 IP 地址的映射。

（2）常见用途

用于域名解析，将对用户友好的域名转换为计算机可识别的 IP 地址。

（3）通信过程

1）客户端向本地域名服务器发送域名解析请求。

2）本地域名服务器向根域名服务器发送请求。

3）根域名服务器返回顶级域名服务器的地址。

4）本地域名服务器向顶级域名服务器发送请求。

5）顶级域名服务器返回次级域名服务器的地址。

6）本地域名服务器向次级域名服务器发送请求，获得目标域名对应的 IP 地址。

7)本地域名服务器将 IP 地址返回给客户端。

综上,每种协议都扮演着不可或缺的角色,为人们提供了丰富多样的网络服务和应用。

8.2 多数据处理

在当今信息时代,数据已经成为各个行业的核心资源,海量数据也给各个行业带来挑战,而大规模数据处理技术正是为了应对这一挑战而产生的。从金融到医疗,从科学研究到社交媒体,大规模数据处理技术正在被广泛应用,为人们带来了前所未有的机遇和挑战。然而,随着数据量的不断增长和数据处理任务的不断复杂化,我们也面临着诸如如何高效处理海量数据、如何确保数据的准确性和一致性等问题。在这样的背景下,多数据处理技术的实现和调试也显得日益重要。本节将介绍多数据处理的各种实现技术以及有效的调试方法,旨在帮助读者更好地理解和应用这些关键技术,提升数据处理的效率和质量。

8.2.1 多数据处理技术概述

多数据处理技术是为了提高数据处理效率而采用的一系列方法和技术。随着数据量的不断增长和数据处理任务的不断复杂化,传统的串行处理方式已经不能满足大规模数据处理的需求,因此多数据处理技术成为必不可少的工具。多数据处理技术可以分为并行计算和分布式计算两大类,其应用框架如图 8-3 所示。

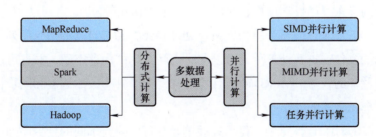

图 8-3 多数据处理技术框架

8.2.2 并行计算技术

并行计算是一种同时使用多个处理器或计算节点来执行任务的计算方式。它将大任务分解成多个子任务,并行执行这些子任务,从而加快整体计算速度。在并行计算中,主要有以下几种类型:

1. SIMD(单指令多数据)并行计算

所有处理器执行同一条指令,但针对不同的数据进行计算。这种计算模式适用于需要对大量数据进行相同操作的情况,比如图像处理、视频编解码、数字信号处理等。

工作原理:在 SIMD 并行计算中,计算任务被分成多个数据单元,每个数据单元都包含相同的指令序列。这些数据单元同时接收来自控制单元的相同指令,并且同时执行这些指令,但是每个数据单元处理的数据可能是不同的。这种并行计算模式利用了硬件中的向量处理器或 SIMD 指令集,能够同时处理多个数据元素,从而加快了整体计算速度。

算法特点:在 SIMD 并行计算中,同一指令被并行应用到多个数据单元上,每个数据单元都执行相同的操作。这种模式提高了数据处理效率,特别是在需要对大量数据进行相同操作的情况下。SIMD 并行计算通常需要硬件支持,如 CPU 中的向量处理器或 GPU 中的 SIMD 指令集。这些硬件能够同时对多个数据元素执行相同的操作,从而实现高效的并行计算。SIMD 并行计算适用于一些数据密集型任务,比如图像处理、视频编解码、数字信号处理等。在这些场景下,需要对大量数据进行相同的操作,而 SIMD 并行计算能够有效地提高处理速度。

应用场景:①图像处理:图像处理涉及对大量像素进行相同的操作,比如滤波、边缘检测、颜色转换等,因此适合使用 SIMD 并行计算来加速处理速度。②视频编解码:视频编解码需要对视频帧中的像素进行处理和压缩,而 SIMD 并行计算可以有效地加速编解码过程,提高视频处理的效率。③数字信号处理:数字信号处理涉及对大量数据进行滤波、变换、调制等操作,而 SIMD 并行计算可以同时处理多个信号样本,从而加快处理速度。

2. MIMD(多指令多数据)并行计算

不同的处理器执行不同的指令,针对不同的数据进行计算。这种计算模式适用于计算逻辑较为复杂的场景,如科学计算、数据挖掘、模拟仿真等。

工作原理:在 MIMD 并行计算中,每个处理单元都拥有自己的指令序列,并且可以独立地执行不同的操作。这些处理单元可以同时访问共享的内存空间,并且可以相互通信和协作,以完成整体的任务。MIMD 并行计算通常需要一种有效的调度和同步机制来管理和协调各个处理单元之间的操作。

算法特点:在 MIMD 计算中,每个处理单元都可以执行不同的指令序列,针对不同的数据进行计算。这种灵活性使得 MIMD 并行计算适用于计算逻辑较为复杂的场景,可以根据实际需求进行灵活调度和管理。在 MIMD 并行计算中,各个处理单元之间可以相互通信和协作,以完成整体的任务。这种通信和协作机制可以实现数据共享和任务分配,从而提高整体计算效率。MIMD 并行计算适用于一些计算逻辑较为复杂、数据依赖性较强的场景,如科学计算、数据挖掘、模拟仿真等。在这些场景下,需要对不同的数据执行不同的计算操作,而 MIMD 并行计算可以提供灵活的计算模式和高效的处理能力。

应用场景:①科学计算:科学计算涉及对复杂的数学模型进行求解和分析,而 MIMD 并行计算可以提供灵活的计算模式和高性能的计算能力,加速科学计算过程。②数据挖掘：数据挖掘需要对大量数据进行分析和挖掘，而 MIMD 并行计算可以实现并行处理和分析多个数据集，从而提高数据挖掘的效率和准确性。③模拟仿真：模拟仿真涉及对复杂系统的模型进行仿真和分析，而 MIMD 并行计算可以实现并行执行多个仿真任务，加速仿真过程并提高仿真精度。

3. 任务并行计算

任务并行计算将大任务分解成多个独立的子任务，每个子任务在不同的处理器上并行执行。任务并行计算适用于大规模的数据处理和分析任务，如分布式数据库查询、机器学习模型训练和科学计算等。

工作原理：在任务并行计算中，大任务被分解成多个独立的子任务，每个子任务都是相对独立的，并且可以在不同的处理器或计算节点上并行执行。这些子任务可以根据任务的特性和数据的分布情况被动态分配和调度，以最大限度地利用计算资源，并且可以通过通信和同步机制进行协作，以完成整体的任务。

算法特点：在任务并行计算中，每个子任务都是相对独立的，它们之间没有数据依赖性，因此可以并行执行。这种独立性使得任务并行计算具有很好的可扩展性和灵活性，可以根据需求动态添加或移除计算节点，以应对不同规模的数据处理任务。任务并行计算通常采用动态调度和分配机制，根据任务的特性和数据的分布情况，动态地将子任务分配给不同的处理器或计算节点，并实时调整任务的执行顺序和优先级，以最大限度地提高整体的计算效率。在任务并行计算中，各个子任务之间可能需要进行通信和同步操作，以共享数据、协调任务的执行顺序和结果的计算等。因此，任务并行计算需要一种有效的通信和同步机制来管理和协调各个子任务之间的操作，以保证整体任务的正确执行和计算结果的准确性。

应用场景：①分布式数据库查询：分布式数据库通常包含多个数据节点和查询节点，而任务并行计算可以将查询任务分解成多个子任务，并行执行这些子任务，以加速查询过程。②机器学习模型训练：机器学习模型训练涉及大量数据处理和计算操作，而任务并行计算可以将模型训练任务分解成多个子任务，并行执行这些子任务，从而加快模型训练的速度。③科学计算：科学计算通常涉及对复杂的数学模型进行求解和分析，而任务并行计算可以将计算任务分解成多个子任务，并行执行这些子任务，以加速计算过程。

8.2.3　分布式计算技术

分布式计算是一种将计算任务分配给多台计算机进行并行处理的计算模型。在分布式计算中，计算任务被分解成多个子任务，并由分布在不同计算节点上的处理单元并行执行。这种分布式计算模式可以显著提高计算效率和处理能力，适用于处理大规模数据和复杂计算任务的场景。当涉及分布式计算时，常用技术包括 MapReduce、Spark 和 Hadoop 等。

1. MapReduce

MapReduce 是一种用于处理大规模数据的编程模型和分布式计算框架,最初由 Google 提出。

工作原理:MapReduce 将数据处理过程分为两个阶段,即 Map 阶段和 Reduce 阶段。在 Map 阶段,原始数据被分割成若干个小数据块,并由多个计算节点并行处理。在 Reduce 阶段,Map 阶段产生的中间结果被合并和聚合,得到最终的计算结果。

应用场景:MapReduce 适用于各种大规模数据处理任务,如日志分析、文本处理、数据挖掘等。

2. Spark

Spark 是一种基于内存的分布式计算框架,具有高性能和高易用性的特点,由加利福尼亚大学伯克利分校的 AMPLab 开发。

工作原理:Spark 将数据加载到内存中处理,通过 RDD(弹性分布式数据集)实现了高效的数据并行处理。Spark 提供了丰富的 API,包括 Map、Reduce、Filter 等操作,支持复杂的数据处理和分析任务。

应用场景:Spark 被广泛应用于机器学习、数据挖掘、实时流处理等场景,具有广泛的适用性和高性能。

3. Hadoop

Hadoop 是一个开源的分布式计算框架,由 Apache 软件基金会开发和维护。它包括 Hadoop 分布式文件系统(HDFS)和 Hadoop MapReduce 两个核心组件。

工作原理:Hadoop 通过 HDFS 将大规模数据分布式存储在多个节点上,并通过 MapReduce 实现数据的并行处理。Hadoop 具有高容错性和可伸缩性的特点,适用于处理海量数据和构建大规模数据处理平台。

应用场景:Hadoop 被广泛应用于大数据分析、日志处理、数据仓库等领域,是目前最流行的分布式计算框架之一。

本节详细介绍了 SIMD 并行计算、MIMD 并行计算以及任务并行计算等技术,每种技术都有其特点和适用场景,可以根据实际需求选择合适的技术来处理数据。通过深入理解和应用这些多数据处理技术,我们能够更高效地处理和分析大规模数据,为智能产品设计与开发带来更多可能和机遇。

8.2.4 调试方法和工具

调试方法和工具在多数据处理过程中起着至关重要的作用,能够帮助我们及时发现并解决各种问题,确保数据处理的准确性和效率。本节将介绍多数据处理过程中可能遇到的问题以及常用的调试方法和工具。

1. 问题和挑战

当处理大规模数据时,我们可能会面临各种问题和挑战,它们可能会影响数据处理的准确性、效率和稳定性。以下是一些常见的问题和挑战:

1)并发问题。①竞争条件:多个线程或进程同时访问共享资源,导致数据不一致或意外结果的发生。②死锁:多个线程或进程相互等待对方释放资源,导致程序无法继续执行。

2)数据一致性。①数据复制和同步:在分布式环境下,数据的复制和同步可能会面临延迟、丢失或不一致的问题,影响数据的一致性和完整性。②分布式事务:跨多个节点的操作需要保证事务的原子性、一致性、隔离性和持久性,易产生数据一致性的问题。

3)性能瓶颈。①数据传输:大规模数据的传输可能会受到网络带宽、延迟等因素的限制,影响数据处理的效率。②计算速度:复杂的数据处理算法可能会导致计算速度变慢,需要优化算法或增加计算资源来提高处理速度。

4)错误处理。①异常情况:程序可能会遇到各种错误和异常情况,如内存溢出、文件读写错误等,需要及时捕获和处理它们,以保证程序的稳定性。②数据质量:大规模数据处理过程中可能会出现数据质量问题,如数据丢失、数据错误等,需要进行数据质量控制和清洗。

5)调试困难。①复杂性:大规模数据处理系统通常由多个组件和模块组成,调试过程可能会面临复杂的调用关系和依赖性。②并行性:并行计算和分布式计算使得调试过程更加复杂,需要考虑多个并发执行的线程或进程之间的交互和同步。

2. 调试方法和工具

调试方法和工具框架如图 8-4 所示。

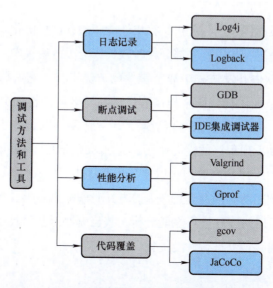

图 8-4 调试方法和工具框架

（1）日志记录

在程序中添加详细的日志记录功能，记录程序的运行过程、关键操作和错误信息。设置不同级别的日志，如 debug、info、warn、error 等，便于根据需要过滤和查看日志信息。对程序运行时生成的日志进行分析，找出其中的异常情况和潜在问题。可以使用日志分析工具或脚本来自动化分析日志，并生成报告以便查看和分析。

日志记录是软件开发和运维中常用的技术手段之一，通过记录程序运行时的各种信息，可以帮助开发人员和运维人员快速定位和解决问题，保障系统的稳定性和可靠性。日志记录工具包括 Log4j 和 Logback。Log4j 和 Logback 是 Java 平台上常用的日志记录工具，可以方便地记录程序的运行日志，包括各种操作、错误信息、警告信息等。通过配置文件、设置日志级别和输出格式等参数，可以灵活地控制日志的记录和输出方式。

（2）断点调试

使用调试器在代码中设置断点，以便程序执行到特定位置时暂停并观察程序的状态。可以在断点处查看变量的值、函数的调用堆栈等信息，帮助定位问题所在。

调试工具对于解决大规模数据处理过程中的问题起着至关重要的作用，能够帮助开发人员更快速、更有效地定位和解决各种问题。常用的调试工具包括 GDB 和 IDE 集成调试器。

1）GDB（GNU 调试器）：GDB 是一款用于调试 C、C++ 等编程语言的强大工具，提供了丰富的调试功能，包括断点设置、变量查看、堆栈跟踪等。通过命令行或图形界面，开发人员可以对程序进行断点调试、单步执行、变量查看等操作，从而找出程序中的问题。

2）IDE 集成调试器：IDE（集成开发环境）如 Visual Studio、Eclipse 等通常提供了内置的调试功能，支持代码编辑、编译、调试等一体化操作。在 IDE 中，开发人员可以方便地设置断点，进行单步执行、查看变量值等操作，同时还可以实时查看程序的运行状态和调试信息。

（3）性能分析

使用性能分析工具对程序进行分析，找出性能瓶颈并进行优化。分析程序的 CPU、内存、磁盘和网络使用情况，找出哪些部分耗时较长或资源占用较多。

性能分析工具是软件开发过程中非常重要的一类工具，它们可以帮助开发人员发现程序中的性能瓶颈，从而优化代码来提高程序的执行效率。性能分析工具包括 Valgrind、Gprof 等。Valgrind 是一款用于检测内存泄漏、越界访问等问题的工具，同时还提供了性能分析功能，可以帮助发现程序的性能瓶颈。通过 Valgrind 工具可以对程序进行详细的内存分析和性能分析，并生成相应的报告以便分析和优化。Gprof 是一款用于性能分析的工具，可以生成程序的调用图和函数调用关系，并统计每个函数的执行时间和调用次数等信息。通过 Gprof 工具可以对程序进行性能分析，找出哪些函数消耗了较多的时间，以及函数之间的调用关系如何，帮助进行性能优化。

（4）代码覆盖

代码覆盖工具用于评估测试用例对代码的覆盖程度，帮助开发人员确定测试的完整性和质量，并发现潜在的代码逻辑错误。代码覆盖工具是软件开发中用于评估测试用例质量和覆盖范围的重要工具之一。通过分析测试用例对代码的覆盖情况，开发人员可以了解哪些代码被测试覆盖，哪些代码未被覆盖，从而提高测试覆盖率和代码质量。代码覆盖工具包括 gcov 和 JaCoCo。通过运行测试用例并使用代码覆盖工具进行分析，可以得到代码的覆盖率报告，帮助发现测试用例的不足和缺陷。

在软件开发和大规模数据处理过程中，调试方法和工具发挥着至关重要的作用。通过细致地使用各种调试方法和工具，开发人员可以更快速、更有效地发现和解决各种问题，确保程序的稳定性、准确性和高效性。调试方法和工具不仅是解决问题的利器，而且是提高开发效率和代码质量的重要保障。通过不断学习和应用调试方法和工具，开发人员可以不断提升自己的调试能力，更好地应对软件开发中的挑战。

8.3 智能产品中网络通信和多数据处理的应用案例

网络通信和多数据处理是智能产品开发中的两个关键技术，它们通过提高数据的传输效率和处理能力，使得智能产品能够在复杂的应用场景中表现出色。下面将通过实际项目"速通门管理系统设计"来展示这两项技术的实际应用及其效果。

8.3.1 方案设计

（1）概述

基于智慧安防小区对进出人员通道控制的管理需求，结合实际管理状况，本案例设计所有进出人员均需通过刷脸认证方式通行，速通门管理系统可以有效防止未授权人员随意进入小区内部区域，确保小区内部安全和实有人口有效管控。速通门管理系统可有效控制人员通行秩序，使得出入口通行井然有序，方便人员进出管理。

（2）双架构高性能设计

速通门管理系统实现前端一站化构架设计以及后端服务器构架设计两种应用。前端一站式构架部署方便，保障快速通行，实现高效自动化作业。后端服务器构架功能强大、联动得体，实现综合化业务应用。两者根据业务需求的不同而灵活采用不同的业务策略，并且根据业务诉求的不同，配置 CPU/GPU 不同的构架策略。

随着人脸大数据时代的到来，数据处理日益繁多，对高效、快速处理数据的需求越来越迫切。传统的 CPU 具有体积小、重量轻、功率低、功能性强、结构灵活、价格低廉等优点，得到了广泛应用。但是，随着晶体管集成工艺遇到瓶颈，以及受到市场变化等多方面影响，多核 CPU 无法通过增加核的数量来累加计算能力，且每个核仍基于以往单核 CPU 的设计，保留了乱序执行等很多单核的复杂执行方式，不能满足科学计算等对计算能力的高要求。

GPU 是图形处理器或挂载在计算机显卡上的加速器。近年来 GPU 的处理能力不断增强，其应用也越来越广泛。GPU并行体系结构决定了GPU非常擅长以并行方式运行高运算强度的应用。由于GPU对图像的优异处理能力，因此其对浮点数据的并行计算能力尤其突出，相比CPU的计算能力，GPU对浮点数据的计算可以达到百倍的加速效果。从带宽对比看，GPU的理论带宽明显要高于CPU。

虽然GPU的并行计算能力使得其对浮点数据的并行计算能力尤其突出，但不容忽略的是CPU有复杂的控制逻辑和大容量的缓存，能够减小延迟，适应多种场景，尤其是需要复杂逻辑运算的场景。

本案例中，人员出入口子系统采用CPU/GPU异构并行双架构设计，使CPU计算资源和GPU计算资源做各自擅长的计算，不仅提高了计算能力，也节省了成本和能源。另外，基于异构节点建构的并行计算体系，提供了高性能计算环境，将计算性能提高了数十倍。

（3）网络通信的应用

在速通门管理系统中，网络通信是核心组成部分，它的高效运行直接关系到整个系统的效率和性能。通过网络通信，前端的速通门设备可以将实时采集的刷脸认证数据迅速传输到后端服务器进行处理和存储。高带宽、低延迟的网络连接保证了数据传输的迅速和可靠，实现了整个系统的实时响应和处理。

网络通信的应用不局限于数据传输，还包括远程管理。管理人员可以通过网络远程监控速通门的运行状态，实时调整和优化系统设置，及时处理突发状况。这种远程管理功能极大提高了系统的灵活性和响应速度，确保了系统稳定运行。

（4）多数据处理的应用

在速通门管理系统中，多数据处理是提升系统性能的关键。该系统每天要处理大量刷脸认证数据，这些数据包括图像数据、身份信息以及通行记录等。为了确保能够在高峰期高效运行，速通门管理系统采用了CPU/GPU异构并行处理架构。

CPU擅长处理复杂的逻辑运算和系统管理任务，如身份验证、权限控制和系统日志管理等。GPU则通过强大的并行计算能力，快速处理图像数据和其他高运算强度的任务。在多数据处理的框架下，速通门管理系统能够同时处理大量数据，提高了数据处理的速度和效率。

此外，速通门管理系统还引入了智能调度机制，通过动态分配计算资源，确保不同类型的数据处理任务能够得到最优的计算资源。这种智能调度机制不仅提升了系统的整体性能，还降低了能耗和运行成本。

（5）提高系统效率和性能的重要性

网络通信和多数据处理在速通门管理系统中的应用，大大提高了系统的效率和性能。通过高效的网络通信，速通门管理系统实现了实时数据传输和远程管理，保证了数据处理的及时性和准确性。多数据处理利用CPU和GPU各自的优势，提升了数据处理速度和系统响应能力，确保系统在高峰期依然能够高效运行。

在该硬件架构上引入的 GPU 智能调度机制，能对集群设备中的所有计算资源进行统一管理和调度，并有效评估各种智能运算的资源消耗情况，在调度过程中能完美实现算法与硬件计算资源的有效匹配。

网络通信和多数据处理技术的应用不仅提高了系统的整体性能，还增强了系统的稳定性和可靠性，为智慧安防小区的安全管理提供了坚实的技术保障。这一案例展示了在智能产品中，网络通信和多数据处理技术的结合是如何显著提升系统整体效能的，为其他智能产品的开发和应用提供了有价值的参考。

8.3.2 产品部署

速通门管理系统由人脸速通门通道机、人脸管理服务器和双屏访客机三部分组成，三者通过网络相互连接，如图 8-5 所示。

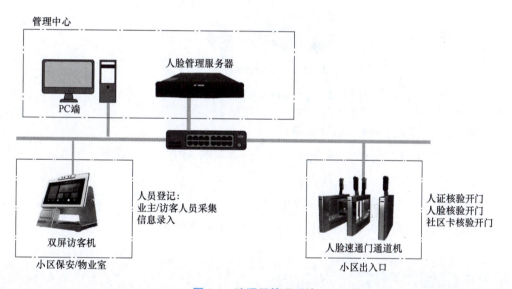

图 8-5　速通门管理系统

人脸速通门通道机支持人脸识别、人证核验、刷卡比对开门三种模式，支持多种协议扩展，支持各类 IC 卡、身份证、二维码等读卡方式。对于扩展的读取方式，它支持定制化的开门逻辑，针对不同进出人员以不同安全级别控制通行。

人脸速通门通道机支持联网运行和单机离线运行两种模式。联网运行时，通道机与服务器保持实时数据同步，通道机采集的图像与刷卡信息进行本地比对。比对成功后，在界面显示识别成功的提示，同时，语音播报设定的欢迎词，并驱动通道机开门，将比对的结果实时上传至服务器。在联网运行条件下，对于新添加的用户信息，支持实时同步，确保所有人脸速通门通道机信息更新一致，新添加的人员可以直接刷脸开门。单机离线运行时，人脸速通门通道机在本地进行信息采集和比对，识别成功后界面进行提示，联动设定的语音提示，并触发开门。离线运行时，采集的图像和比对记录保存在通道机本地，待网络连通后上传。

人脸速通门通道机流程如图 8-6 所示。

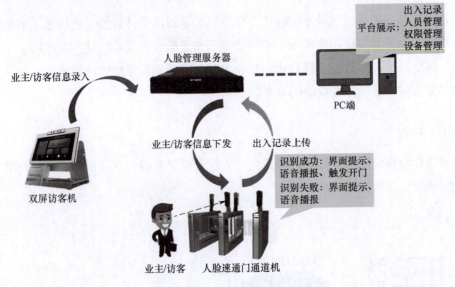

图 8-6　人脸速通门通道机流程

速通门管理系统主要业务流程包括：

1）人员录入。既支持 PC 端 Web 录入、移动端的 APP 录入、访客机录入，也支持人员信息批量导入。

2）人脸考勤：支持不停留、快速刷脸开门。

3）人员出行记录查询，人员进出权限管控，设备管理。

8.4　课后思考题

1. 比较 TCP 和 UDP 的区别和适用场景。
2. 解释 FTP 的工作原理和常见应用场景。
3. 请简要说明并行计算和分布式计算在多数据处理中的区别，并举例说明它们的应用场景。
4. 什么是断点调试？它在多数据处理的调试过程中有什么作用？
5. 请列举至少三种常用的性能分析工具，并简要描述它们的主要功能和用途。

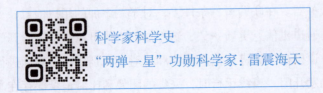

科学家科学史
"两弹一星"功勋科学家：雷震海天

第 9 章

智能产品的开发和测试

课件PPT

9.1 智能产品开发流程、方法和工具

9.1.1 开发流程

智能产品开发基本流程通常包括需求分析、设计、编码、测试以及部署五个阶段，如图 9-1 所示。

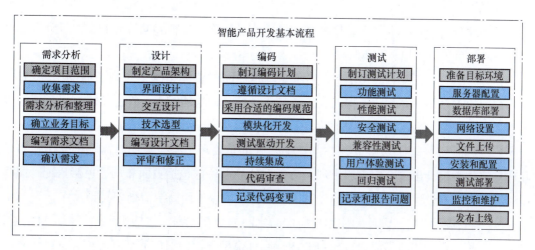

图 9-1 智能产品开发基本流程

1. 需求分析

需求分析是智能产品开发流程中的最初阶段，它确保团队（泛指智能产品研发团队）在后续的设计、编码和测试阶段能够理解和满足客户或其他利益相关者的需求。需求分析阶段具体可以分为以下步骤：

1）确定项目范围：团队需要与客户或其他利益相关者一起明确项目的范围。这包括确定产品的功能边界、预期的交付内容、可能的限制条件等。通过定义项目范围，可以避

免后续出现范围扩大或功能不明确的问题。

2）收集需求：团队与客户或其他利益相关者沟通，收集他们的需求和期望。这可以通过面对面会议、电话讨论、问卷调查等方式进行，重点是要了解用户的使用场景、痛点、期望的功能等信息。

3）需求分析和整理：收集到的需求可能涉及各种各样的信息，需要对其进行分析和整理。团队可以将需求分类，如功能需求、非功能需求（性能、安全等）、优先级等，以便后续工作更加清晰、明了。

4）确立业务目标：除了功能性需求，团队还需要明确产品的业务目标。这包括提高收入、降低成本、提升用户体验等方面。业务目标可以帮助团队更好地理解产品的背景和价值，有助于后续的设计和决策。

5）编写需求文档：根据收集到的需求和分析结果，团队可以编写需求文档。这份文档应该清晰地描述产品的功能特性、用户需求、业务目标，并且可以作为后续开发工作的参考依据。

6）确认需求：团队与客户或其他利益相关者确认需求文档，确保双方对产品的期望达成一致。在确认需求之前，可能需要进行多次沟通和需求文档修改，以确保需求的准确性和完整性。

2. 设计

在需求分析的基础上，设计团队开始制定产品架构、进行界面设计和交互设计等。设计阶段具体可以分为以下步骤：

1）制定产品架构：设计团队首先需要制定产品的整体架构，包括产品的组织结构、模块之间的关系等。在制定架构时，需要考虑到产品的功能需求、性能要求、可扩展性等因素，确保系统的稳定性和可维护性。

2）界面设计：界面设计是用户与产品交互的重要环节，设计团队需要根据用户需求和产品定位，设计出符合用户习惯和具有美感的界面。这包括页面布局、色彩搭配、图标设计等方面。在设计界面时，需要注重用户体验，确保界面简洁清晰、易于操作。

3）交互设计：交互设计关注用户与产品之间的交互过程，包括用户如何与系统沟通、完成任务等。设计团队需要设计出符合用户心理模型和行为习惯的交互方式，提高用户的使用便捷性和满意度。这可能涉及用户流程设计、交互元素设计等方面。

4）技术选型：在设计阶段，团队需要对技术进行选型，确定使用哪些技术和工具来实现产品的设计方案，包括前端技术、后端技术、数据库技术等方面。在选择技术时，需要考虑产品的需求、团队的技术能力、市场趋势等因素。

5）编写设计文档：设计团队根据制定的设计方案，编写设计文档。这份文档应该清晰地描述产品的架构设计、界面设计、交互设计等内容，以便开发团队能够理解和实现设计方案。

6）评审和修正：设计团队需要与相关人员进行设计评审，收集反馈并进行修正。这可能涉及多次讨论和修改，以确保设计方案能够满足用户需求，并且在技术上可行。

3. 编码

在设计确定后，开发团队开始编写代码，实现产品的各项功能。这个阶段需要密切关注设计文档，并确保代码的质量和可维护性。编码阶段具体可以分为以下步骤：

1）制订编码计划：在开始编码之前，开发团队需要制订编码计划，确定开发任务的优先级、分配给各个开发人员的工作量等。这有助于组织团队的工作，提高开发效率。

2）遵循设计文档：开发团队在编写代码时，需要密切关注设计文档，确保代码与设计方案一致。开发人员应该理解设计的意图，遵循设计原则，确保代码的质量和可维护性。

3）采用合适的编码规范：在编写代码时，开发团队应该采用合适的编码规范，统一编码风格，提高代码的可读性和可维护性。常见的编码规范包括命名规范、缩进规范、注释规范等。

4）模块化开发：为了提高代码的复用性和可维护性，开发团队应该采用模块化开发方式，将代码分解成独立的模块或组件。每个模块都应该实现一个特定的功能，便于单元测试和集成测试。

5）测试驱动开发：测试驱动开发（TDD）是一种先写测试用例，再编写代码的开发方式。开发团队可以通过测试驱动开发来确保代码的质量和稳定性，减少后续调试和修复工作。

6）持续集成：在编码阶段，开发团队应该实现持续集成，即将代码频繁地集成到共享的代码仓库，并通过自动化的构建和测试流程进行验证。这有助于及时发现和解决代码集成问题，保证代码的稳定性和可靠性。

7）代码审查：在编码阶段，开发团队应该进行代码审查，即由开发团队成员审核彼此的代码。通过代码审查，可以发现潜在的问题和改进的空间，提高代码的质量和可维护性。

8）记录代码变更：开发团队应该及时记录代码的变更和提交历史，以便后续追溯和版本管理。使用版本控制系统如 Git 可以方便地管理代码的变更和版本发布。

4. 测试

完成编码后，产品进入测试阶段。测试团队将对产品进行功能测试、性能测试、安全测试等，以确保产品的质量和稳定性。测试阶段的具体步骤如下：

1）制订测试计划：测试团队首先需要制订测试计划，明确测试的范围、目标、测试方法和测试资源等。测试计划应该根据产品的需求和特点进行调整，确保测试的全面性和有效性。

2）功能测试：功能测试是测试产品是否符合需求规格，能否按照设计文档中描述的功能正常工作。测试团队根据需求文档编写测试用例，覆盖产品的各项功能，并逐一执行测试用例，验证产品的功能是否正常。

3）性能测试：性能测试是测试产品在各种条件下的性能表现，包括响应速度、吞吐量、并发能力等。测试团队可以使用性能测试工具对产品进行压力测试、负载测试等，发现系统的瓶颈和性能问题，并进行优化和调整。

4）安全测试：安全测试是测试产品的安全性和防护能力，包括漏洞扫描、授权验证、数据加密等。测试团队通过模拟黑客攻击、注入攻击等方式，评估产品的安全性，并提出改进建议和修复措施。

5）兼容性测试：兼容性测试是测试产品在不同平台、不同设备、不同浏览器等环境下的兼容性。测试团队需要验证产品在各种环境下的显示效果、功能兼容性等，确保产品能够在广泛的用户群体中正常运行。

6）用户体验测试：用户体验测试是测试产品的易用性和用户体验，包括界面设计、交互设计、响应速度等方面。测试团队可以邀请真实用户参与测试，收集用户的反馈和意见，为产品的优化提供参考。

7）回归测试：回归测试是在产品发生变更后，重新执行之前的测试用例，确保新的变更没有引入新的问题或影响原有功能。测试团队可以借助自动化测试工具进行回归测试，提高测试效率和确保测试覆盖范围。

8）记录和报告问题：在测试过程中，测试团队应该及时记录发现的问题，并编写测试报告。测试报告应该包括问题的描述、复现步骤、严重程度等信息，以便开发团队及时修复问题。

5. 部署

经过测试后，准备将产品部署到目标环境中，让用户可以访问和使用。这涉及服务器配置、数据库部署、网络设置等。部署阶段具体可以分为以下步骤：

1）准备目标环境：在开始部署之前，需要准备好目标环境，包括服务器、数据库、网络等资源。确保目标环境符合产品的要求，能够满足产品的性能和安全需求。

2）服务器配置：根据产品的需求和规模，配置适当的服务器资源。这包括服务器的硬件配置（CPU、内存、存储等）、操作系统选择（Windows、Linux等）、网络设置（IP地址、域名解析等）等。

3）数据库部署：如果产品需要使用数据库，那么需要在目标环境中部署数据库服务，并创建相应的数据库和表结构。确保数据库的安全性和可靠性，设置好访问权限和备份策略。

4）网络设置：配置网络环境，确保产品能够正常访问和被访问。这包括设置防火墙、端口转发、域名解析等，确保产品在互联网上能够被用户访问到。

5）文件上传：将经过测试的产品文件上传到目标服务器上。这可能涉及FTP、SCP

（安全复制协议）等，确保文件的完整性和安全性。

6）安装和配置：在服务器上安装产品的运行环境，并进行相应的配置。这包括安装必要的软件和库文件、配置环境变量、修改配置文件等，确保产品能够正常运行。

7）测试部署：部署完成后，进行一次测试部署，验证产品在目标环境中的运行情况。确保产品能够正常启动、功能可用，并且性能稳定。

8）监控和维护：部署完成后，设置监控系统，实时监测产品的运行状态和性能指标。定期进行维护和更新，确保产品的安全性和稳定性。

9）发布上线：经过测试和验证后，产品准备上线。根据发布计划，通知相关人员，正式发布产品，并向用户提供访问链接和使用说明。

9.1.2 开发方法和开发工具

1. 开发方法

在智能产品开发过程中，合适的方法可以帮助开发团队提高效率、降低风险，从而更好地完成智能产品的开发工作。以下是一些常用的智能产品开发方法：

1）敏捷开发：敏捷开发是一种迭代、灵活的开发方法，强调团队合作、快速响应变化。在智能产品开发中，敏捷方法可以帮助开发团队更好地应对需求变化和技术挑战，快速迭代产品并持续改进。

2）迭代开发：迭代开发将整个开发过程划分为多个迭代周期，每个周期都会交付可用的产品部分。在智能产品开发中，迭代方法可以帮助开发团队更好地理解和探索数据、算法和模型，逐步优化产品性能和功能。

3）精益开发：精益开发强调减少浪费、快速交付和持续学习。在智能产品开发中，精益方法可以帮助开发团队更加专注于产品的核心功能和价值，避免不必要的开发和资源浪费。

4）DevOps：DevOps 是一种将开发和运维流程整合起来的方法，强调自动化、持续集成和持续交付。在智能产品开发中，DevOps 可以帮助团队快速部署和管理机器学习模型、数据流水线等复杂系统。

5）数据驱动开发：数据驱动开发将数据作为产品开发和优化的驱动力量。在智能产品开发中，数据驱动方法可以帮助开发团队更好地理解用户行为、优化算法和模型，并持续改进产品性能和用户体验。

在实际的开发过程中，应根据团队和项目的特点对开发方法进行灵活调整和组合，以应对智能产品开发过程中的挑战，满足开发的需求。

2. 开发工具

为了进一步提高开发效率，开发人员还需要学会灵活使用各种开发工具，如版本控制系统、自动化测试工具和项目管理工具。

（1）版本控制系统

版本控制系统（Version Control System，VCS）是一种用于管理项目文件版本的软件工具，它允许开发团队协作、跟踪代码变更，并且支持轻松地进行版本回滚和分支管理。Git 和 SVN 是两种常见的版本控制系统。

Git 是一个由 Linus Torvalds 创建的分布式版本控制系统，用于管理项目的源代码。其核心原理是将项目的文件历史记录保存在本地仓库（Repository）中，允许用户在本地进行分支（Fetch）、合并（Merge）等操作，无须依赖中央服务器。Git 支持快速、高效的代码提交（Commit）、分支管理、版本回滚等功能，使开发团队能轻松协作，即使在离线环境下也能工作。每个开发人员都有自己的本地仓库，因此即使中央服务器发生故障，也不会影响团队的开发工作。Git 常用命令流程如图 9-2 所示。

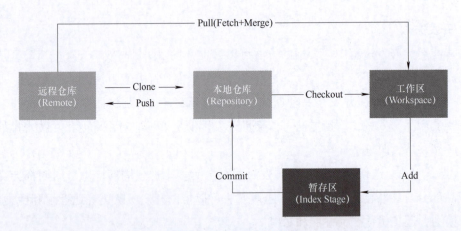

图 9-2　Git 常用命令流程

SVN（Subversion）是一个由 CollabNet 开发的集中式版本控制系统，用于管理项目的源代码和文件。其核心原理是将项目的文件历史记录保存在中央服务器上，开发人员通过客户端工具与服务器交互。虽然 SVN 支持常见的版本控制功能，如版本控制、分支、合并、标签等，但所有操作都需要连接到中央服务器，因此开发团队成员必须时刻与中央服务器保持连接，这可能导致中央服务器性能成为瓶颈，且在网络断开的情况下无法工作。

无论是 Git 还是 SVN，版本控制系统都是软件开发过程中的重要工具，它们可以帮助开发团队有效地管理代码、协作开发，并且确保代码的版本管理和安全性。在选择版本控制系统时，开发团队应该根据项目的规模、团队自身的需求和工作流程等因素进行评估，选择最适合的工具。

（2）自动化测试工具

自动化测试工具是自动化执行测试用例的软件工具，可以帮助开发团队提高测试效率、降低成本，并确保软件的质量和稳定性。Selenium 和 JUnit 是两种常见的自动化测试工具。

Selenium 是一个用于自动化 Web 应用程序测试的工具，支持多种浏览器和操作系统，并可与多种编程语言结合使用，如 Java、Python 和 C#。它提供了一组 API，可以模拟用户在浏览器中执行操作，如单击、输入文本和选择下拉列表框，通过编写测试脚本实现自动化执行，验证网页的功能和用户体验。Selenium 支持将测试用例组织成测试套件，并提供丰富的断言和验证方法，以确保测试结果的准确性和可靠性。Selenium 主要用于进行端到端的功能测试和回归测试，帮助开发团队验证网页在不同浏览器和环境下的兼容性和稳定性。

JUnit 是一个用于编写和执行 Java 单元测试的测试框架。它支持编写简洁、清晰的测试代码，并提供丰富的断言和验证方法，以确保代码的正确性和可靠性。JUnit 提供了一组注解和断言方法，帮助开发者快速编写和执行单元测试，使用注解标记测试方法，使用断言验证测试方法的行为和输出是否符合预期。JUnit 还支持将测试用例组织成测试套件，并提供了丰富的运行时选项和报告生成工具，帮助开发者更好地管理和分析测试结果。JUnit 主要用于进行单元测试，旨在测试代码中的单个功能模块，通过及早发现和修复代码中的问题，提高代码的质量和稳定性。

（3）项目管理工具

项目管理工具是用于协调和跟踪项目进度、任务分配、团队沟通和资源管理的软件工具。Jira 和 Trello 是两个常见的项目管理工具，它们在功能和使用场景上有所不同。

Jira 是由澳大利亚公司 Atlassian 开发的项目管理和问题追踪工具，被广泛应用于软件开发、敏捷开发、项目管理等领域。它提供了丰富的功能，包括任务管理、问题追踪、需求管理、敏捷项目管理、报告和分析等。用户可以创建任务、指派责任人、设置优先级和截止日期，并通过自定义的工作流追踪任务的进度和状态。Jira 还支持与其他 Atlassian 产品如 Confluence、Bitbucket 的集成，以及大量第三方插件和扩展，使得团队可以根据自己的需求进行定制和扩展。

Trello 是一款简单直观的团队协作工具，采用看板（board）、列表（list）和卡片（card）的方式来组织任务和信息，适用于小型团队和个人项目管理。其主要特点是灵活性和可视化，用户可以创建多个看板、列表和卡片，并通过拖拽的方式快速调整任务的状态和优先级，用户也可以在卡片上添加描述、附件、评论等信息。Trello 提供了基本的任务管理和团队协作功能，适用于简单的项目管理、日程安排、任务追踪等场景。它还支持与其他工具（如 Google 日历、Slack）集成，以及一些基本的插件和扩展。

9.2 智能产品的测试类型、测试要求和流程

9.2.1 测试类型

智能产品测试一般分为功能测试和非功能测试，如图 9-3 所示。功能测试和非功能测

试是智能产品质量保证中的关键测试类型，共同确保智能产品满足所有业务和用户需求。

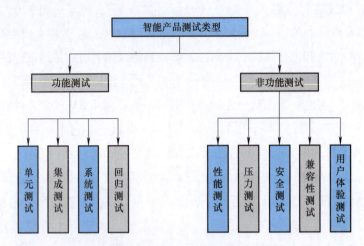

图 9-3　智能产品测试类型

1. 功能测试

功能测试验证软件功能是否符合预定需求，包括单元测试（检查单独模块或功能块的正确性）、集成测试（检验多个模块之间的交互和接口功能）、系统测试（评估整个系统的综合功能和操作）和回归测试（确保最近的更改或修复未破坏现有功能）。

（1）单元测试

智能产品的单元测试是一个复杂且专门的过程。它不仅要在有限的资源条件下正常运行，还必须处理硬件交互，以及满足实时性要求。为了有效地进行单元测试，开发者通常采用硬件抽象层或模拟技术来模仿真实硬件的行为，这样可以在没有实际硬件的情况下测试软件组件。

考虑到智能产品通常资源有限，单元测试需要确保软件不仅在功能上符合预期，而且在内存和处理能力上尽量高效，避免内存泄漏或过度消耗资源。此外，对于需要实时操作的智能产品，如汽车控制系统或医疗监控设备，单元测试必须验证软件组件能够在规定时间内准确完成任务，以保证整体响应时间和性能符合严格的行业标准。

总之，单元测试在智能产品的开发过程中是不可或缺的一环，它确保产品在交付前的质量和性能均符合设计要求，降低生产成本，以提高最终产品的市场竞争力。

（2）集成测试

集成测试检验已通过单元测试的多个软件组件或模块在一起工作时的整体功能和性能。集成测试不仅可以检测各个模块之间的交互是否符合预期，还可以确保产品整体能够按照设计要求运行。在智能产品中，集成测试尤为重要，因为它涉及硬件与软件之间复杂的交互。

集成测试通常可以采用自顶向下或自底向上的方法进行。自顶向下的测试方法从顶层模块开始，逐步集成并测试下一级模块，直到所有模块都被集成为止，这种方法有助于在早期就识别出与用户界面相关的问题。自底向上的方法则是从底层硬件或基础模块开始，逐步向上集成和测试，这有助于确保底层的稳定性和可靠性。

在集成测试中，测试团队需要密切注意数据传递的准确性、共享资源的管理，以及模块间的时间依赖关系。例如，在一个智能产品中，可能需要测试硬件驱动程序如何响应上层应用发出的数据请求，以及这些请求是如何被处理和传递的。此外，测试团队还需验证不同模块之间能否在要求的时间内完成任务和数据交换。为了更有效地进行集成测试，许多测试团队采用自动化工具来模拟和测试模块之间的交互。这不仅可以提高测试的效率，还可以确保测试覆盖到每个模块之间可能发生的交互。通过使用模拟技术，测试团队可以在没有实际物理硬件的情况下验证软件组件之间的接口和交互。

（3）系统测试

系统测试是在整个软件/硬件系统集成之后，对其进行的全面测试。它涵盖了集成的所有硬件和软件组件，以验证最终智能产品是否满足规定的要求。系统测试通常包括多种类型的测试。

1）功能性测试关注于业务逻辑是否正确，如软件能否完成必要的任务和流程。
2）非功能性测试涵盖了性能测试，以确保软件在高负载情况下的响应时间和稳定性。
3）可靠性测试评估整个软件/硬件系统在长时间运行或不利条件下的持续运作能力。
4）安全性测试确保整个软件/硬件系统对外部威胁具有足够的防护能力。
5）兼容性测试检查软件在不同的硬件、操作系统及网络环境中的表现是否一致。
6）用户接受测试（UAT）是系统测试中的一个重要组成部分，直接涉及最终用户。实际用户根据自己的需要使用软件，以验证功能是否符合他们的实际工作需求。通过用户接受测试，可以发现那些在之前的测试阶段未被识别的问题，这是因为实际用户可能会以非预期的方式使用软件。

为了提高系统测试的效率和覆盖率，自动化测试工具被广泛应用。例如，Selenium 能够模拟用户对软件的操作，自动执行重复的测试任务，从而帮助测试团队节省时间，同时提高测试的准确性。自动化测试工具不仅可以模拟单用户操作，而且能够模拟成千上万的并发用户，这对于验证大规模应用的性能尤为重要。

（4）回归测试

回归测试确保新的代码更改没有破坏现有的功能。回归测试在每次代码更改后进行，是持续集成和持续部署流程的一部分。自动化回归测试可以高效地覆盖广泛的测试用例，确保修改或新增的功能没有引入新的问题。利用工具如 Selenium 或 TestComplete，测试团队可以自动重新执行已有测试用例，快速验证代码更改的影响。这对于快速迭代和灵活响应市场需求至关重要。

通过对上述测试类型的细致执行和分析，可以大大提高智能产品的质量和用户满意度。通过这些详尽的测试阶段，可以系统地识别和修正智能产品中的问题，最终提供一个既安全又可靠的产品给用户。

2. 非功能测试

非功能测试旨在评估软硬件在不同条件下的性能和行为，涵盖性能测试（测量响应速度和处理能力）、压力测试（确定极端负载下的软件行为）、安全测试（保证数据安全和防护能力）、兼容性测试（确保不同环境中的适用性）以及用户体验测试（评价易用性和交互设计）。这些测试确保软件在实际部署时能够表现出高稳定性、高安全性，提供良好的用户体验。

（1）性能测试

性能测试是评估智能产品在各种操作环境中表现的关键过程，主要包括测试响应时间、处理速度和资源消耗等。这一过程对于确保智能产品在现实世界中能够稳定高效地运行极为重要。

性能测试中，最常见的是负载测试。负载测试检查系统在正常工作负载下的性能，以确认在日常使用情况下系统的表现是否符合预期。

在资源受限的嵌入式环境中，性能测试尤其关键，需要细致考虑硬件的限制，如处理器的计算能力、内存容量和输入输出速度等。使用专业工具如 LoadRunner 或 JMeter，可以系统地模拟高并发场景，有效地揭示系统在高负荷状态下的性能瓶颈，如处理速度的下降或响应时间的延长。此外，性能测试还应评估系统的可扩展性和可靠性，特别是对于那些需要长时间稳定运行的嵌入式应用来说，持续的高负载操作模拟能够帮助开发团队发现并优化内存泄漏、处理器过热或资源竞争等潜在问题。

总体而言，性能测试通过全面评估和优化，确保智能产品在各种条件下都能展现出卓越的性能，从而提高智能产品的市场竞争力和用户满意度。

（2）压力测试

压力测试旨在评估智能产品在极端操作条件下的稳定性和错误处理能力。这种测试主要用于确定产品在承受超出正常运行范围的负载时的表现，以及在资源如 CPU、内存和网络等被极限使用时的响应能力和恢复能力。通过压力测试，测试团队可以识别并修复在高负载情况下可能出现的问题，如系统崩溃、功能失常或性能显著下降。

常用的压力测试工具包括 LoadRunner 和 Stress-ng，这些工具能够模拟高并发访问和数据处理，从而帮助开发团队优化智能产品的性能和稳定性。压力测试不仅可以揭示系统在极限状态下的表现，还有助于验证回滚机制和故障转移策略，确保即使在极端条件下，智能产品也能保持基本的运行和数据完整性。这种测试对于确保智能产品能够在不断增长的用户需求和复杂性面前维持可靠性和效率至关重要。

（3）安全测试

安全测试旨在识别和修复智能产品中的安全漏洞和缺陷，确保产品数据安全和防护能力。安全测试对于涉及网络连接的嵌入式设备尤为重要，这些设备容易成为网络攻击的目标。测试团队通过执行漏洞扫描、渗透测试和其他安全措施，来全面评估产品的安全性。

常用的自动化工具如 OWASP ZAP 可以进行动态应用安全测试，模拟攻击者行为识别应用中的漏洞；Nessus 这类漏洞扫描工具则帮助检测系统和应用程序中的已知漏洞。这些工具的使用不仅提高了测试效率，还扩大了测试的覆盖范围，能够有效发现潜在安全威胁，从而允许开发团队在产品发布前进行必要的修补。

此外，确保产品固件和软件能够通过更新修复已知的安全漏洞，也是安全测试的重要组成部分。这包括定期发布安全补丁和更新，并确保这些安全补丁和更新能够安全、有效地部署到所有相关设备上。

总体来说，安全测试不是一次性评估，而是一个持续的过程，需要随着威胁环境的演变不断调整和增强。对于任何涉及网络的嵌入式设备而言，采取强有力的安全措施并通过持续的测试和更新来维持这些安全措施的有效性，是确保它们能够长期安全运行的关键。

（4）兼容性测试

兼容性测试是确保智能产品在不同的硬件和软件环境中稳定运行的关键过程，涉及多种因素，如操作系统版本、网络环境、浏览器种类等。兼容性测试的主要目的是验证产品在面对不同用户环境时的适应性和功能表现，确保在各种配置下均能提供一致的用户体验。

在实施兼容性测试时，通常需要在多种硬件设备和软件平台上运行一系列详细的测试案例，包括在不同的操作系统（如 Windows、Linux、macOS 等）、不同版本的浏览器（如 Chrome、Firefox、Safari 等），以及不同网络条件下（如有线和无线网络环境，不同的网络速度和稳定性）的测试。兼容性测试帮助开发团队发现和修复特定环境下可能出现的兼容性问题，如界面显示问题、性能下降、功能故障等。

为了提高测试的效率和覆盖率，自动化测试工具如 Selenium、Appium 等被广泛用来模拟和自动化执行环境配置的测试。这些工具可以快速调整测试环境配置，自动化重复测试任务，从而确保每一个环境配置都能获得充分的测试。此外，自动化测试工具可以帮助快速识别和解决问题，缩短开发周期，减少人力资源的投入。

总之，通过综合运用手动和自动化测试方法，兼容性测试能够确保智能产品在不同的技术生态中均能稳定运行，为不同用户群提供优质和一致的服务体验，从而提高产品的市场竞争力和用户满意度。

（5）用户体验测试

用户体验测试评估智能产品的易用性、界面友好性及整体用户满意度。用户体验测试通常需要真实用户的参与，以收集其使用感受和反馈。用户体验测试的关键在于从用户的角度审视产品，确保产品界面直观且易于操作，可以通过组织焦点小组或在线调查来收集用户反馈。此外，可用性测试中任务完成时间的测量和错误率的记录等，都是评价用户体验的重要指标。通过这些方法，开发团队可以了解用户需求，并有针对性地改进产品设计。

9.2.2 测试要求和流程

在当今技术驱动的市场中，智能产品的质量直接关系到企业的品牌声誉和市场竞争力。为了确保这些产品能够可靠地满足用户的期望和复杂的功能需求，采用一套系统化的测试流程是至关重要的。以下五个关键步骤概述了从测试准备到最终评估的整个测试过程，确保每个阶段都经过严格的质量控制。

（1）测试计划的制订

在任何测试活动开始之前，制订详细的测试计划是必需的。测试计划应包括测试的目标、范围、资源、时间表和任务分配。测试计划是确保测试活动有序进行的蓝图，它帮助团队成员理解他们的任务、期限和目标。测试计划应详细到每个测试阶段，包括所需资源如人员、测试设备和软件。此外，测试计划还应包括风险评估，预见可能的挑战和延误，并提前制定应对策略。有效的测试计划将使测试过程更加高效，确保覆盖所有关键功能和性能要求。

（2）测试环境的设置

适当的测试环境是进行有效测试的前提。这包括硬件设置、软件设置、网络配置以及其他必要的工具和服务。测试环境应尽可能地模拟真实的运行环境，以便测试结果能真实反映产品在生产环境中的表现。设置包括但不限于安装和配置测试软件，准备测试数据，以及确保硬件设备的可用性。环境的一致性对于可重复的测试结果至关重要，特别是在进行回归测试和兼容性测试时。自动化环境配置可以提高设置的速度和准确性，减少人为错误。

（3）测试用例的编写和执行

测试用例的编写应基于产品的需求和设计文档。好的测试用例应详尽、具体且易于理解，清晰定义了预期结果。详细的测试用例是检测智能产品功能和性能的关键，它们应涵盖所有功能要求和用户场景，使用尽可能多的测试类型。编写测试用例时，需要考虑正常情况下的行为，以及边缘条件和异常情况。测试用例执行应跟踪每个测试的结果，对失败的测试进行详细分析。自动化执行测试用例可以显著提高测试效率和可靠性，特别是在回归测试中。

（4）缺陷管理

在测试过程中发现的任何缺陷都应记录在缺陷跟踪系统中。每个缺陷记录应包括缺陷描述、严重性、复现步骤以及可能的影响。有效的缺陷管理，能够确保测试团队能够追踪并解决所有关键问题，从而提高智能产品的质量。缺陷管理不仅涉及记录和追踪缺陷，还涉及优先级排序和分配资源进行修复。测试团队应定期复审缺陷列表，更新状态和采取的措施，确保所有重大和紧急问题都得到及时解决。

（5）测试报告的编写

测试的最终步骤是编写测试报告，这为项目团队提供了一个全面的测试概述，包括已测试的功能、发现的缺陷、测试覆盖率以及测试的总体质量评估。测试报告为项目的各个利益相关者提供决策支持，是项目文档的重要组成部分。测试报告应详细记录测试结果，包括成功和失败的用例比例，性能测试的数据以及任何潜在的风险区域。良好的测试报告不仅强调问题，还应提出改进建议和未来测试计划。

通过严格执行这些测试要求和流程，智能产品的开发团队可以确保产品在上市前达到高质量标准，满足用户的期望和需求。

9.3 智能产品开发与测试的应用案例

随着科技的迅速发展，智能产品已逐渐渗透到人们日常生活的各个方面。从智能手机、智能家居到智能穿戴设备，这些智能产品不仅提升了生活品质，也带来了前所未有的便利和效率。然而，智能产品的开发与测试过程极为复杂，需要综合考虑硬件、软件、算法和用户体验等多个因素。为了使读者更好地理解智能产品开发与测试的实际应用，本节将通过"人脸识别 VIP 客户功能案例"进行介绍和分析。

9.3.1 案例背景与需求

随着人工智能和计算机视觉技术的发展，人脸识别技术逐渐成熟，并在多个领域得到广泛应用，特别是在零售和服务行业，基于人脸识别的 VIP 客户识别功能越来越受到重视。该功能能够自动识别进入商店的 VIP 客户，从而提供个性化服务，提高客户满意度和忠诚度。这种技术不仅可以提升客户体验，还可以为企业带来更多的业务机会和竞争优势。

为了实现人脸识别 VIP 客户功能，实况画面和抓拍图片区域需要占用较大的界面空间以突显效果。目前，人脸识别有黑名单和白名单两种模式。在一些实际应用场景中，使用黑名单来满足业务需求是必要的，但"黑名单"在字面上具有贬义，故不能覆盖所有应用场景。人脸识别 VIP 客户功能的主要目标是在人脸识别功能的基础上解决上述问题，通过优化来提升产品的竞争力。

9.3.2 功能修改点

为了满足上述需求，具体完成以下功能修改：

（1）人脸实时预览界面优化

1）放大实况画面、抓拍图片区域：实时预览界面中，实况画面和抓拍图片区域需要更大以突显效果。

2）实况小窗格操作：右击实况小窗格，可以显示已经开启人脸识别的通道，单击通道可以显示实况和图片记录。

3）图片显示类型：图片显示类型包括所有、抓拍记录、人脸比对成功记录和人脸比对陌生人记录。

4）图片窗格中展示具体信息。①抓拍记录：展示抓拍图片、通道、时间等信息。②人脸比对成功记录：展示抓拍图片、库图片、通道、姓名、性别、年龄、库名称、时间等信息。③人脸比对陌生人记录：展示抓拍图片、通道、时间、库名称和陌生人提示。

5）报警扩展：业务需要上报告警时，需上报扩充增加库名称。

（2）人脸VIP配置界面

1）界面布局：左上角显示界面名称，界面名称可配置。右上角显示配置菜单和退出菜单。

2）配置菜单内容：界面名称，是否显示人脸比对成功记录，人脸比对成功记录提示语，是否显示人脸比对陌生人记录，人脸比对陌生人记录提示语。

3）记录显示：①右边大块区域显示记录，缓存30条，最新记录显示在最前面。单击记录可以显示对应的图片，无须查询操作。②左边显示图片，可配置1分屏、4分屏、9分屏，默认1分屏将最新的显示在最上面。

4）配置接口：增加配置接口供人机（指人机界面或用户界面）读取配置。人机接收到业务事件后按配置显示记录、图片、提示语。

（3）人脸库去除黑名单、白名单属性

1）去除黑名单、白名单属性：添加、查询人脸库时去掉黑名单和白名单属性。

2）布控规则：添加人脸比对布控时，增加布控规则"人脸比对成功"或"陌生人"。版本升级时需对已布控的黑名单、白名单库增加对应的布控规则。

3）界面查询优化：在界面查询人脸库时去掉黑名单、白名单条件，直接查询所有记录。

9.3.3 人脸识别VIP客户功能案例功能展示

（1）人脸实时监控画面

在通道列表界面，默认选中所有开启人脸识别功能的人脸相机，最多支持同时播放四路通道，如图9-4所示。

（2）目标检测界面

在目标检测界面，默认显示所有，如图9-5所示。

（3）新增布控任务

单击新增布控任务，选择布控通道，如图9-6所示。

第9章 智能产品的开发和测试 149

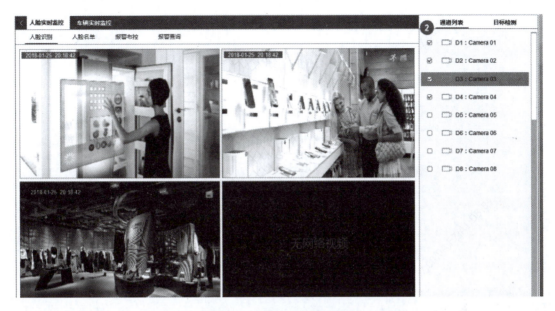

图 9-4 人脸实时监控画面

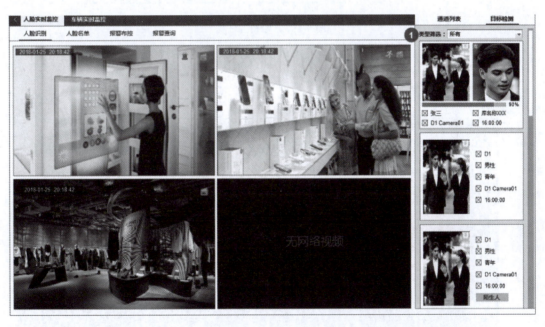

图 9-5 目标检测界面

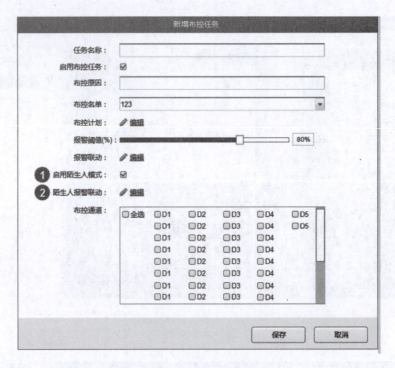

图 9-6 新增布控任务

（4）人脸 VIP 系统初始界面

系统初始界面如图 9-7 所示。

图 9-7 系统初始界面

（5）人脸 VIP 实时对比单通道视图

人脸 VIP 实时对比单通道视图如图 9-8 所示。

第9章 智能产品的开发和测试 151

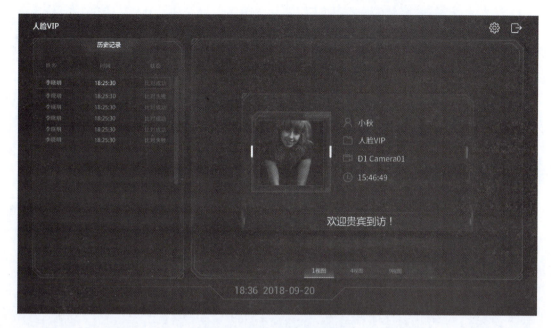

图 9-8 实时对比单通道视图

（6）人脸 VIP 界面实时对比四通道视图

人脸 VIP 界面实时对比四通道视图如图 9-9 所示。

图 9-9 实时对比四通道视图

（7）人脸 VIP 界面实时对比九通道视图

人脸 VIP 界面实时对比九通道视图如图 9-10 所示。

图 9-10　实时对比九通道视图

9.3.4　测试方案

为了确保人脸识别 VIP 客户功能的稳定性和性能，制定以下测试方案。本测试方案涵盖测试环境的准备、测试思路的详尽描述，以及具体的测试执行步骤和测试报告。

1. 测试环境

1）3 系-B 款设备。

2）支持人脸抓拍的网络摄像机（IPC）。

3）智能棒。

2. 测试思路

测试思路包括升级测试、数据库升级测试、恢复默认测试、人脸 VIP 界面测试、人脸识别界面测试、稳定性测试和异常测试。

（1）升级测试

1）兼容性升级。

测试目标：确保系统从旧版本升级至新版本后功能正常。

测试步骤：升级设备的软件至最新版本，检查所有现有功能是否正常运行。

2）全新升级。

测试目标：验证从旧版本直接升级到新版本的完整性。

测试步骤：从旧版本直接升级到新版本，检查所有新功能和现有功能是否正常运行。

（2）数据库升级测试

1）数据库兼容性升级。

测试目标：确保数据库在升级后仍能正确使用，并且去除了黑名单、白名单概念。

测试步骤：①升级数据库，检查人脸库是否正确显示，确认去除黑名单和白名单属性。②检查布控计划配置是否正确，黑名单布控计划应对应不启用陌生人模式，白名单布控计划应对应启用陌生人模式。③检查历史报警查询是否正确，黑名单报警应对应人脸比对成功报警，白名单报警应对应陌生人报警。

2）数据库全新安装。

测试目标：验证数据库在全新安装情况下的功能完整性。

测试步骤：①全新启用人脸功能，检查所有功能是否正常。②进行完全恢复，确保数据和功能恢复到初始状态。

（3）恢复默认测试

1）简单恢复（不清除数据库）。

测试目标：验证在不清除数据库的情况下，恢复默认设置是否正常。

测试步骤：执行简单恢复，检查所有配置和数据是否保持不变。

2）完全恢复（清除数据库）。

测试目标：验证在清除数据库的情况下，恢复默认设置是否正常。

测试步骤：执行完全恢复，检查所有配置和数据是否恢复到初始状态。

（4）人脸 VIP 界面测试

测试目标：验证人脸 VIP 界面的各项功能是否正常。

测试步骤：①确认不同分辨率（1分屏、4分屏、9分屏）下界面显示是否正确、合理。②修改配置提示语，测试特殊字符、中文、英文、字符长度等情况。③不启用陌生人模式，检查界面显示记录是否正确；启用陌生人模式，检查界面显示记录是否正确。④测试缓存历史比对信息，确认是否可以双击打开。⑤确认界面刷新记录是否实时。

（5）人脸识别界面测试

测试目标：验证人脸识别界面的各项功能是否正常。

测试步骤：①确认不同分辨率下界面显示是否正确、合理。②在默认情况下，确认通道名称列表默认显示，勾选启用人脸识别功能通道显示实况。③遍历目标检测的筛选条件（所有、人脸比对成功、抓拍记录、人脸比对失败），确认信息图片是否正确显示。④确认界面刷新记录是否实时。⑤确认去除黑白名单概念，相应修改为人脸比对成功、陌生人（添加人脸库无黑白名单之分、布防计划无黑白名单之分、报警查询中无黑白名单之分、日志中无人脸黑白名单告警）。

（6）稳定性测试

测试目标：验证系统在长时间运行和高频操作下的稳定性。

测试步骤：①反复进入人脸 VIP 界面，检查系统稳定性。②频繁触发人脸比对成功和陌生人告警，检查系统响应和稳定性。

（7）异常测试

测试目标：验证系统在异常情况下的恢复能力。

测试步骤：①模拟 NVR 断电、断网等异常情况，检查系统的恢复能力。②插拔智能棒，测试系统在智能棒离线情况下的稳定性和恢复能力。

3. 测试执行步骤

1）准备测试环境：搭建包含 3 系-B 款设备、支持人脸抓拍的 IPC 和智能棒的完整测试环境。

2）执行升级测试：按照兼容性升级和全新升级的测试步骤执行，并记录结果。

3）执行数据库升级测试：按照数据库兼容性升级和全新安装的测试步骤执行，并记录结果。

4）执行恢复默认测试：按照简单恢复和完全恢复的测试步骤执行，并记录结果。

5）执行界面测试：分别测试人脸 VIP 界面和人脸识别界面，记录显示、操作、提示语等方面的结果。

6）执行稳定性测试：反复操作关键界面，频繁触发警告，记录系统稳定性表现。

7）执行异常测试：模拟异常情况，记录系统的恢复能力和表现。

4. 测试报告

在测试完成后，编写详细的测试报告。测试报告应包含以下内容：

1）测试环境描述：详细描述测试环境和设备配置。

2）测试用例描述：列出所有测试用例，说明每个用例的测试目标和步骤。

3）测试结果分析：详细记录每个测试用例的执行结果，分析系统的表现和存在的问题。

4）问题记录和修复建议：列出发现的问题，并提出相应的修复建议。

5）结论和改进建议：总结测试的整体表现，给出最终的结论和改进建议。

通过上述测试方案，可以全面验证人脸识别 VIP 客户功能的各项指标，确保系统在实际应用中的稳定性和可靠性。

9.4　课后思考题

1. 在智能产品开发流程中，你认为最重要的一步是什么？说明理由。
2. 敏捷开发中可以用到哪些常见的开发工具？
3. 调研智能产品常见的开发工具。

科学家科学史
"两弹一星"功勋科学家：彭桓武

第 10 章

智能产品的实践案例

课件PPT

10.1 智慧园区概述

　　智慧园区是现代城市建设与信息技术深度融合的产物,其概念涵盖了多个领域的知识体系。从专业性角度来看,智慧园区是一个集成了嵌入式系统、物联网、云计算、大数据分析和人工智能等先进技术的综合性园区。它通过对园区内各类设施、系统和服务的智能化改造和升级,实现信息的高效传输、资源的优化配置和管理的精细化,进而提升园区的整体运营效率和竞争力。智慧园区示意图如图 10-1 所示。

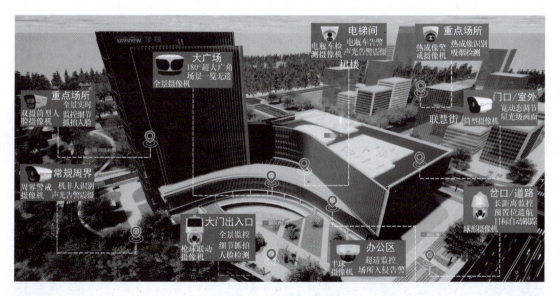

图 10-1　智慧园区示意图 1

　　在实现上,智慧园区以嵌入式系统作为其核心支撑。嵌入式系统作为智慧园区的"神经中枢",通过部署在各类设施中的传感器、执行器和控制器等硬件设备,实现对园区环境的实时监测、控制和调节。同时,嵌入式系统还负责数据的采集、处理和传输,为园区的智能化决策提供数据支持。

此外,智慧园区还借助物联网技术实现设备间的互联互通。通过物联网技术,园区内的各类设施可以形成一个庞大的网络,实现信息的共享和协同工作。云计算和大数据技术则为智慧园区提供了强大的数据处理和分析能力,帮助园区管理者从海量数据中提取有价值的信息,优化园区的运营和管理。

10.2 智慧园区的核心特点

智慧园区通过综合运用物联网(IoT)、大数据、云计算、人工智能等技术,致力于实现园区内设施和服务的智能化管理,提升园区的运营效率和用户体验。智慧园区的核心特点如下:

(1)系统集成与互操作性

通过整合各类传感器、执行器、微处理器等硬件,并实施先进的通信协议,园区实现了不同硬件之间的无缝交流和协作。多元化的组件通过一套高效的架构紧密相连,数据总线贯穿其中,信息流畅通无阻,控制路径明确而精准。这一架构不仅确保了当前技术的高效运用,而且充分考虑了未来技术融合的可扩展性和模块化要求。图10-2所示为某智慧社区的管理平台,它通过可视化大数据全面管控社区,可切换数据大屏与现场视频,实现社区管理一体化。

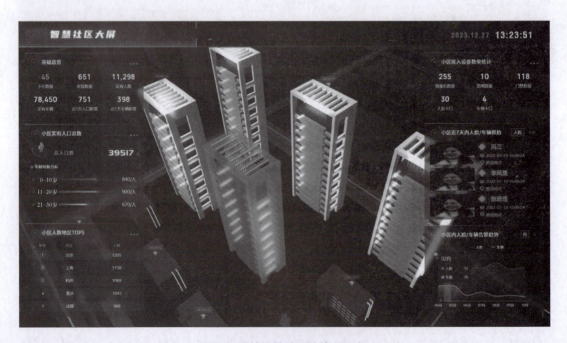

图10-2 某智慧社区的管理平台

（2）数据处理与智能算法

专门设计的数据处理框架可以高效地从庞大数据集中精准提取信息，运用边缘计算处理实时数据，显著提升了数据分析速度并减轻了中央服务器的负担。智能算法被广泛应用于用户行为分析、资源分配优化和能源管理，其成效已在多个领域得到验证。图 10-3 所示为某智慧社区内电动自行车入电梯监测方案，其中使用电梯专用检测算法，精准识别电动自行车，实现告警检测。

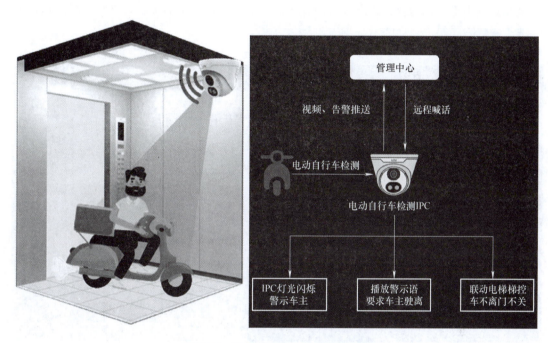

图 10-3　电动自行车入电梯监测方案

（3）人机交互技术

人机交互技术采用最新的人机接口（HMI）解决方案，包括触摸界面、语音识别系统以及沉浸式增强现实（AR）和虚拟现实（VR）技术，极大地增强了用户的互动参与感。这些技术与后端系统的紧密融合进一步加快了响应速度，优化了操作体验。

（4）自适应与智能调控技术

自适应与智能调控技术使得系统具备了随环境变化而自主调整的能力。例如，光照和温度控制功能能够自动调节，以确保舒适和节能的环境。智能调控不仅通过预测和优化操作提高了能效，而且提升了整体资源管理效率。

（5）安全与隐私保护

严格的数据加密方案、抗攻击系统设计以及内置的故障检测机制确保了数据交互和系统运行的安全性。隐私保护措施通过数据匿名化处理和严格的访问控制策略确保了用户信息安全，并遵守了相关法律法规。

（6）持续监测与维护

通过智能监测和预测性维护，有效减少了故障和缩短了停机时间；同时，远程监控和自动诊断技术的应用保障了及时的故障排查和预防性维护工作。这些措施不仅提高了运营效率，也减轻了维护成本。

智慧园区通过融合先进的信息技术，实现园区内的智能化管理、数据驱动决策、能源高效利用、安全保障、便捷服务、协同创新和绿色环保。智慧园区不仅提升了园区的运营效率和管理水平，也为入驻企业和人员提供了更好的工作和生活环境，推动了智慧城市的发展。智慧园区示意图如图 10-4 所示。

图 10-4　智慧园区示意图 2

10.3　智慧园区一体化解决方案简介

近年来，随着物联网、云计算、大数据等新一代信息技术的蓬勃发展，智慧园区建设迎来了前所未有的发展机遇。各级政府和企业纷纷加大投入，推动智慧园区的建设与发展。智慧园区不仅提高了园区的运营效率和管理水平，还为企业提供了更加便捷、高效的服务，推动了园区的可持续发展。然而，随着智慧园区建设的深入推进，一些问题也逐渐暴露出来：由于缺乏统一的标准和规范，不同园区之间的信息系统难以实现互联互通，同时园区内的各类资源也存在分散、浪费等问题。这些问题制约了智慧园区的进一步发展，需要一种更加高效、一体化的解决方案来应对。

随着科技的快速发展，智能一体化已成为现代社会的重要发展方向。智慧园区一体化作为一体化建设的重要载体，在推动产业升级、提升城市管理效率、促进可持续发展等方面发挥着重要作用。因此，提出一种智慧园区一体化解决方案，实现园区内各类资源的优化配置和高效利用，具有重要的现实意义和应用价值。

图 10-5 所示为某智慧安防小区的建设思路示意图，其解决方案中的各个分支很好地利用了智能化概念，提升了管理效率，减少了管理难点和人力消耗。

图 10-5　某智慧安防小区建设思路示意图

10.4　智慧园区一体化解决方案的应用场景

智慧园区一体化解决方案的应用场景涵盖了园区的各个方面，包括安全管理、能源管理、环境监控、交通管理、公共服务等。通过集成物联网、云计算、大数据、人工智能等技术，实现对园区内各类资源的实时监控、智能分析和优化调度，提升园区的整体运行水平。

（1）安全管理

通过部署具有高清视频监控、智能门禁、入侵报警等功能的人脸速通门系统，实现对园区内人员、车辆、设施等的全面监控和实时预警。同时，结合人脸识别、行为分析等人工智能技术，能够自动识别异常事件，及时发出警报，提高园区的安全防范能力。

（2）能源管理

通过安装智能电表、水表、气表等设备，实现对园区内能源使用情况的实时监测和数据分析。基于大数据分析，可以精准预测能源需求，优化能源配置，降低能源消耗成本。同时，结合可再生能源利用技术，如太阳能发电、风能发电等，进一步提高园区的能源利用效率。

（3）环境监控

通过部署空气质量监测站、噪声监测点等，实时监测园区内的空气质量、噪声水平等环境指标。同时，结合气象数据，对园区内的环境状况进行综合分析，为园区的环境管理提供科学依据。环境监控大屏如图10-6所示。

图10-6　环境监控大屏

（4）交通管理

通过智能交通系统实现对园区内交通状况的实时监控和智能调度。通过部署交通信号灯、智能停车系统相关设备，优化交通流，缓解交通拥堵。同时，结合车载定位、交通大数据分析等技术，为园区内的车辆提供智能导航和路线规划服务，提高出行效率。

（5）公共服务

通过建设智慧政务平台、智能医疗系统、智慧教育平台等，实现政务服务的在线化、智能化，提高政务服务效率。图10-7所示为某智慧安防小区管控平台App界面。同时，结合物联网技术，为居民提供智能家居、智能安防等服务，提升居住体验。

图 10-7　某智慧安防小区管控平台 App 界面

10.5　智慧园区一体化解决方案的应用案例

本案例将重点关注智慧园区一体化解决方案中的三大子模块：人员识别、车辆管控和周界告警。这些子模块是智慧园区安全管理与服务的重要支撑，通过集成先进的信息技术，实现对园区内人员和车辆的高效管理、安全保障以及实时预警。

人员识别子模块将利用生物识别技术，如人脸识别、指纹识别等，对进出园区的人员进行快速、准确的身份验证，确保园区的安全可控。车辆管控子模块则通过智能车牌识别、车辆定位等技术，实现对园区内车辆的自动化管理和智能调度，优化交通流，提高出行效率。周界告警子模块则通过部署智能监控设备和传感器，实时监测园区的周界安全状况，一旦发现异常情况，就立即触发告警机制，确保园区的安全稳定。

通过这些子模块的应用和实施，智慧园区一体化解决方案将有效提升园区的安全管理水平和服务质量，为园区的可持续发展提供有力保障。同时，这一解决方案也为其他类似园区的建设和管理提供了可借鉴的经验和参考。

10.5.1　系统整体架构设计

系统采用开放式架构，以网络化传输、数字化处理为基础，具有强大的集成能力，实现从单纯的实有人口管理向门禁控制、图像监控、报警联动、人车轨迹分析、多维大数据比对碰撞等应用领域的广泛拓展与延伸。这既提高了对实有人口的管理水平，也使客户可以获得更加便捷的操作、更加高效的管理与更加智能的决策支持。

智慧安防小区管控平台集成了门禁、视频、卡口、多维数据采集、人车管控等一系列功能模块，实现对所有过人信息、过车信息、物联网、"一标三实"（即标准地址、实有人口、实有房屋和实有单位）等信息数据的捕获，并通过平台级联对接上级平台，完成各小区的数据向上汇聚，转发给应用分析集群，进行特征提取和识别比对，实现高危人员、车辆的布控预警等应用。通过安全边界将数据共享到公安内网，通过对海量数据的数据挖掘、数据清洗、数据分析，最终实现视图大数据业务应用。

围绕"小区管理可视化，人车管控高效化"的智慧安防小区构建理念，通过可视化综合应用管控平台，有效集视频、门禁、报警、车辆、人员信息卡口等于一体，以视频全面监控为主、可视化展现手段为辅，实现小区"人、房、车、网"等的管理立体化、可视化和可控化，构建管理、防范、控制于一体的小区治安防控体系。整体架构设计如图 10-8 所示。

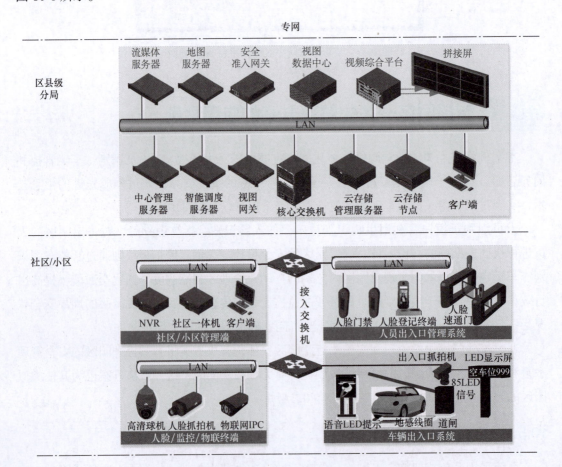

图 10-8　整体架构设计

10.5.2 人员识别子模块

针对智慧安防小区对进出人员通道控制的管理需求,结合实际管理状况,本模块设计所有进出人员均需通过刷脸认证方式通行,从而有效防止未授权人员随意进入小区内部区域,确保小区内部安全和实有人口有效管控。人员识别子模块可以有效控制人员通行秩序,使得出入口通行井然有序,方便人员出入管理。人员识别子模块可将人防和技防有效结合,实现较为理想的管理目标,且有利于出入口的高效管理。

(1)人员识别子模块设计

人员识别子模块由人脸速通门通道机、人脸管理服务器和双屏访客机三部分组成,三者通过网络相互连接。此部分在 8.3.2 节已介绍过,不再赘述。

(2)人脸识别应用设计

人脸及身份信息采集并录入系统之后,就可以实现速通门的人脸部署(即将采集并注册的人脸数据部署到人脸识别系统中),对通行人员进行抓拍比对。验证通过后予以放行,验证不通过则以报警形式推送,之后将结果及图片记录在后端系统中,实现数据的存储和检索服务,以及根据定制需求实现后期的统计分析报表等业务应用。人脸识别业务应用流程如图 10-9 所示。

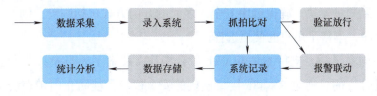

图 10-9　人脸识别业务应用流程图

相应功能包括:

1)实时人脸图片抓拍比对:支持实时人脸图片抓拍,人脸抓拍摄像机能够根据检测的人脸图片,优选效果最好的人脸图片进行比对及上传。输入数据是速通门通行人员的人脸采集数据。输出数据是采集的人脸图片比对结果及背景大图。

2)白名单人员动态放行:支持白名单人员的动态应用,人脸图像自动与白名单中人员图像进行实时比对,达到预期的阈值,则速通门自动放行通过。

3)未知身份人员记录:支持对未知身份人员的记录,可通过身份证、门禁卡实现进入,并且可以在后台库中进行记录,方便工作人员确定其身份。

4)黑名单人员记录:对于在库黑名单,实现采集到的人员信息与在库黑名单比对,成功匹配后,速通门不会放行,同时会在后台实时弹窗,提醒值班人员对黑名单人员进行控制。

5)通行人员信息报表统计:支持通行人员信息报表统计,支持将通行人员记录数据进行统计并导出报表。

（3）人员识别子模块软硬件介绍

在软件可靠性方面，通过部署人脸识别，采用深度学习算法和大规模的优化计算，以及标准化体系的软件成熟度模型来优化。实现人脸速通门摄像机原码流直接识别，识别过程只需 0.2s，保障快速通行体验效果；实现异常人脸现场提示以及报警联动等操作。采用内置识别模块，将其部署在前端速通门产品中，与闸机一体化设计，所有验证操作均在前端一站化完成，中间无任何网络延迟，无网络故障风险。保障识别的可靠性。

在硬件可靠性方面，采用以下各类设备：

1）智能门禁机。智能门禁机内置了稳定可靠的嵌入式 Linux 操作系统，并且融合自主研发的深度学习算法，使人脸识别技术实现了超过 99% 的高准确率与小于 1% 的微小误识率，同时拥有业内领先的 0.2s 快速识别能力。内置的深度学习芯片使得本地离线识别成为可能，且人脸库容量可达 20000 个模型。搭配的 200 万像素、宽动态摄像头和智能测光技术，保证在多变光线环境下也能获取高品质图像。

集成的离线语音合成引擎不仅播报认证成功信息，还提供广泛的语音提示定制选择。广告播放模式扩展了设备的应用场景，可定制播放周期和统计时长。在防疫管控方面，设备能够配合体温测量模块，确保健康安全。多元的开门方式包括刷脸、刷卡、密码、二维码及微信小程序，丰富了用户的便捷选择。

设备管理同样灵活，支持本地和 Web 后台操作，覆盖了人员录入、参数配置与系统维护。在安全性方面，通过 RS-485 接口连接的安全模块，能防止门锁在设备被破坏时意外打开。内嵌扬声器的双向对讲功能，实现了与室内的顺畅沟通。视频采集设备也完美兼容《公共安全视频监控联网系统信息传输、交换、控制技术要求》（GB/T 28181—2022）、ONVIF（开放型网络视频接口论坛）和 IMOS（Infinite Multi-Operating System，无限多操作系统）等协议，实现与通用安防平台和 NVR（网络视频录像机）顺畅对接。智能门禁机如图 10-10 所示。

2）网络视频录像机。网络视频录像机（NVR）设备集成了门禁和人员管理功能。该设备支持审核和管理通行记录，提供对陌生人分类的能力，并可查看基础考勤数据。借助人员部门分类功能，能实现针对各个部门的权限定制和管理，为每个部门下的终端设备授权。同时，该设备为访客（临时进入受监控区域的人员）提供批量操作选项，涵盖增加、删除、编辑、查询和权限设置，以及基于时间模板的员工时间权限的灵活分配。

在区域管理方面，NVR 设备能够根据指定区域管理门组设备权限。它还提供全面的人员管理功能，支持区域内人员签到统计，以及监控与统计夜不归宿、久未归来等情况，并记录访客统计数据和访客滞留情况。

图 10-10　智能门禁机

NVR 设备的拓展能力同样引人注目，它可以轻松接入安防平台，实现人脸追踪、黑名单报警布控和人脸点名等高级功能。此外，NVR 设备支持对区域、门组、通道的综合管理，并能够为每个通道绑定的设备分配权限，同样也支持根据时间模板设置权限。

在运维管理领域，NVR 设备允许用户远程开门，确保位于任何地点都能掌控门禁安全。它还可以统一管理识别模块和闸机状态，保证系统的正常运行与安全稳定。总而言之，这款 NVR 设备提供了功能齐全、管理灵活、与高级安防平台融合紧密且可靠的运维管理体验。NVR 设备如图 10-11 所示。

图 10-11　NVR 设备

3）访客机。访客机是访客管理设备，为提升访客登记及通行效率而设计。通过移动终端预约的访客在审核通过之后，能利用人脸识别技术在现场直接通行，免去烦琐的登记流程。设备部署灵活，既可单独运作也可与平台绑定，与平台绑定时访客可享受额外的门禁权限。

访客机具备读取多种有效证件的能力,覆盖了二代身份证、驾驶证、来往港澳通行证、居民居住证、护照及社保卡在内的广泛证件类型,实现了灵活的身份核验(特定型号 EV-S51D 除外,仅支持二代身份证)。此外,设备还具备公安在线无证核验功能,进一步加强了安全性。

访客机配备双触摸屏,优化了用户的交互体验,能够适应不同的应用场景。特定型号(EV-E51D)还支持访客凭条打印和二维码识别功能,进一步方便了访客的进出流程。可见光补光灯与近红外双目宽动态摄像头,使访客机在提供准确活体检测和人脸识别时,能够保证识别效果。

多样化人脸对比模式(包括 $1:1$、$1:N$)以及 HDMI(高清多媒体接口)的标准配置,赋予访客机高度的适用性和扩展性。针对不同身高的个体,摄像头采集角度可垂直调整 $15°$,以确保准确捕捉到所需的数据。访客机产品如图 10-12 所示。

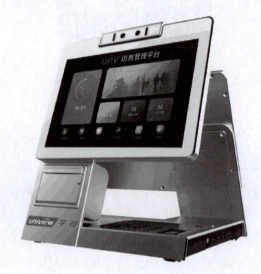

图 10-12 访客机产品

10.5.3 车辆管控子模块

车辆管控子模块解决了园区出入口大量机动车进出带来的管理问题,有效提高了车辆的通行效率,同时做到车过留痕,使进出场实况、过车图片、收费信息、过车记录、缴费记录都一目了然。车辆管控子模块提供了灵活缴费模式、可视化出入口信息数据、多出入口管理等功能,为园区车辆出入口管理提供可靠保障。同时,它通过轻电警违法提醒,降低违法事件的发生率,让驾驶人及时了解自身的违法行为并自我纠正,保障园区道路通行安全。

(1)组网架构

车辆管控子模块组网架构如图 10-13 所示。

第10章 智能产品的实践案例　　167

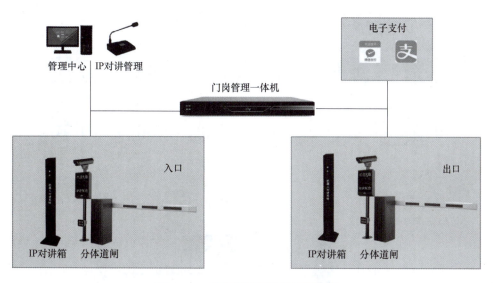

图 10-13　车辆管控子模块组网架构

相应功能包括：

1）业主车辆，自动放行：通过车牌抓拍识别，与内置白名单自动匹配，结合车牌、业主缴费账号信息，可以实现业主车辆不停车进出场。

2）访客车辆，预约管理：访客车辆事先预约，访客车辆在出入口通过车牌自动识别，无须停车登记自动通行；出场时访客通过电子支付进行缴费，快速离场。

3）重点车辆，严格管控：小区出入口的车辆抓拍摄像机可以对每一进出车辆进行图像抓拍和车辆特征分析，实现对城市车辆管控的补充，针对布控的车辆，将比对信息同步推送给物业端和公安端。

车辆管控子模块通过先进的车牌识别技术和信息化管理，实现对不同类型车辆的高效管理和通行保障。业主车辆可享受自动放行，提升了进出效率和便利性。访客车辆通过预约管理和电子支付，实现了无缝通行和快速离场。重点车辆则接受严格管控和信息同步，从而为社区安全提供了有力保障。系统功能如图 10-14 所示。

（2）设计方案

根据实际出入口通道情况，设计出入口管控方案。一个基础的出入口管控方案包含一个入口和一个出口，即一进一出设计方案，如图 10-15 所示。

下面为标准的一进一出配置：

1）入口处主要由一台车牌识别专用高清摄像机、一台道闸（含防砸雷达）构成。

2）出口处主要由一台车牌识别专用高清摄像机、一台道闸（含防砸雷达）构成。

3）管理中心主要由门岗一体机（软硬一体）、显示屏、鼠标、键盘等构成。

车辆管控子模块还可选配入口显示屏、出口显示屏（收费）、补光灯、地感线圈、停车场云平台接口服务、视频存储服务器、岗亭监控等多种设备或应用。通过出入口的数据采集、上传、调用、处理等一系列动作,实现出入口管理功能。

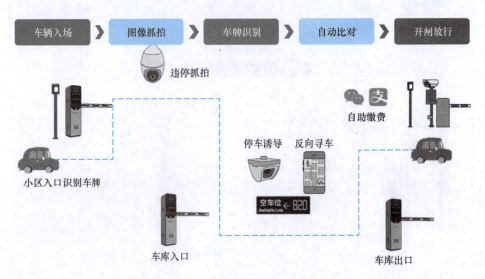

图 10-14 车辆管控子模块功能示意图

图 10-15 一进一出设计方案

(3)应用流程

车辆进出场应用流程如下:

1)包月车辆:车场包月车辆信息导入门岗一体机后,车辆管控子模块通过车牌识别专用高清摄像机自动对车辆抓拍照片并识别车牌号,判断其车牌号是否有效,以及该车辆的有效期。如果车牌有效,则道闸自动开启放行;如果车牌无效,则按临时车辆进入停车场,并开始计费。

2)外来临时车辆:车场设置临时车辆收费规则。当临时车辆入场时,车牌识别专用高清摄像机识别车辆车牌后将信息入库;当临时车辆出场时,车辆管控子模块自动匹配入场记录,按临时车辆收费规则计费及收费。

3)无牌车辆:无牌车辆通过扫码入场,车辆管控子模块将为无牌车辆生成虚拟车牌，车辆出场时再次扫码，车辆管控子模块自动匹配入场的虚拟车牌，进行对应的计费及收费。

车辆进出场的应用流程如图 10-16 所示。

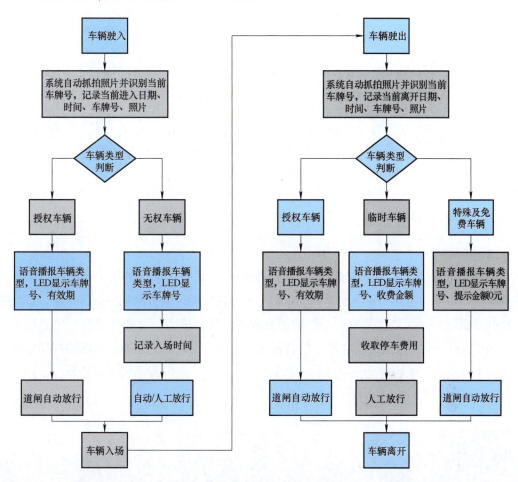

图 10-16　车辆进出场的应用流程

（4）模块功能

出入口门岗一体机，主要针对园区出入口进行园区停车收费管理，可实现出入口车辆信息的自动识别、自动计算车辆在园区内停车时长和费用，同时联动道闸控制。对于车辆缴费方式，可实现预付费、包时长和实时缴费。可以通过事先登记的方法为特定车辆匹配特殊通行证，来实现不同收费策略，也可以为特定车辆配置免费时间段。实现园区车辆、车位、收费记录的统计和查询，极大地提高了园区车辆的收费效率，加强了对园区车辆通行的管理。

整个模块主要分为两个部分：B/S 访问端，主要用于停车场的设备管理、收费规则设定、车辆管理等；C/S 客户端，主要分布于各个岗亭，用于岗亭收费、开闸等。模块功能示意图如 10-17 所示。

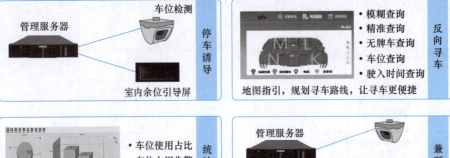
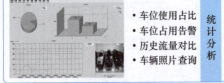
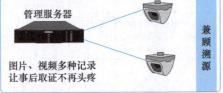

图 10-17　模块功能示意图

10.5.4　周界告警子模块

（1）周界防范

周界防范是公共安全防范中最为基础的部分，也是园区安全的第一道防线。深度智能视频周界防范是建立在传统周界防范基础上，通过应用深度智能视频分析技术，有效降低树叶摇晃、阴影、灯光照射、小动物等造成的误报，提高报警的准确度。边界场景如图 10-18 所示。深度智能周界防范不仅具备入侵报警作用，而且能通过前端的视频监控设备实时了解监控区域的情况，一旦发生越界行为，就第一时间发出警示，并及时告知安保人员进行处理，及时阻断越界行为的发生。

图 10-18　边界场景

中小园区智能周界解决方案，能够实现对不同类型园区周界以及园区内重要、危险区域的全方位、全时段、全覆盖的监控，对违规越界的人员进行智能声光报警和警示，实现对所设周界 24h 不间断监控，并提供视频的存储、回放、事件检索等功能，能够快速排查违规人员，对园区的安全防范具有重要意义。中小园区智能周界解决方案示意图如图 10-19 所示。

图 10-19　中小园区智能周界解决方案示意图

（2）全方位视野

根据小区实际规模部署智能高清摄像机，覆盖小区的出入口、单元楼栋和公共区域，实现小区全方位、全覆盖、全天候的视频记录，能够有效地降低物业管理成本，提高治安、保安管理质量。小区全方位视野监控示意图如图 10-20 所示。

图 10-20　小区全方位视野监控示意图

（3）软硬件部署

软硬件部署示意图如图 10-21 所示。

周界告警子模块由前端雷视一体机、NVR（用于视频流存储）和周界安防管理平台（SWP RVSM5.0 雷视综合管理软件）构成。前端雷视一体机接入网络体系中，可结合周界安防管理平台实现周界防范报警。雷达检测到人员触发越界事件后，摄像机即刻进行声光警示，提示人员尽快离开，同时及时推送报警给安保人员进行处置。

雷视一体机通过"雷达+视频"的方式，对越界运动目标（人体）进行识别，极大地提高了识别的准确性，有效过滤了非人体/车触发的报警，提高了周界防范报警准确率。通过周界安防管理平台可以直接显示采集到的事实数据，同时可以直接通过配套客户端软件进行显示控制。

图 10-22 所示为周界雷视声光警戒柱示意图，其功能特点如下：周界雷视声光警戒柱为高安全区域提供了一套全面的监控解决方案。其配备了双 1080 像素高分辨率视频模组和星光级传感器，内置红外补光功能确保夜间也能清晰捕捉影像。边缘智能和人工智能

深度学习算法的结合,提供了高准确率的识别能力。雷达模组运用FMCW(调频连续波)技术,具有精准的波束角度,可以在150m的距离内进行检测,具备优秀的角分辨率、距离分辨率以及足够灵敏的速度分辨率,保障了周界告警子模块的远距离检测和识别的准确性。

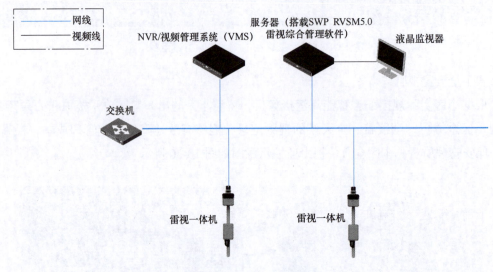

图 10-21　软硬件部署示意图

图 10-22　周界雷视声光警戒柱示意图

此外，周界声光警戒柱还整合了声光报警一体单元，能够通过声音和光线触发警报，其中语音警报内容可根据需要自行定义，以增强震撼效果。控制箱单元内嵌控制板、电源模块、雷达模块等，设有双光纤口，确保了安全可靠性。控制箱单元的设计支持手拉手安装，使得整体部署更加便捷。

上述智能周界方案能够满足多种类型园区周界以及园区内重要、危险区域的监控需求。通过内嵌深度智能算法，以及智能双光、热成像、雷达等辅助功能，有效地降低了误报的概率，提高了报警的准确度，在保证园区安全的同时，也能够尽量减少工作人员的排查工作量。声光联动报警中增加了"告警威慑"的相关功能，有效地起到了警示作用，并且通过可视化界面辅助值班人员更好地进行定位、紧急情况处理，做到高效、准确、及时，大大地提高了工作效率以及问题解决率。

10.6 课后思考题

1. 讨论智慧园区在基础设施建设中的关键技术，如物联网、5G 网络、智能电网等。

2. 讨论智慧园区如何收集、存储和分析数据，以优化园区管理和服务。

3. 探讨智慧安防小区的主要组件和功能，如视频监控、门禁、无人机巡逻等。

讨论课

4. 探讨智能交通管理系统在园区中的应用，如智能停车、交通流量监控、无人驾驶接驳车等。

5. 讨论智慧园区如何通过智能化服务提升用户体验，如智能导航、智能会议、智能餐厅等。

6. 讨论在智慧园区中如何保障数据安全和用户隐私，如加密技术、隐私政策、数据访问控制等。

科学家科学史
"两弹一星"功勋科学家：王淦昌

参考文献

［1］华为技术有限公司. 加速行业智能化白皮书［EB/OL］.（2023-11-09）［2024-06-20］. https://e.huawei.com/cn/material/enterprise/e7de4fdafdb246fcb086cb3471a5699a.

［2］华为技术有限公司. 工业数字化/智能化2030白皮书［EB/OL］.［2024-06-20］. https://www-file.huawei.com/-/media/corp2020/pdf/giv/industry-reports/industrial_digitalization_2030.pdf.

［3］小林coding. 进程、线程基础知识［EB/OL］.［2024-06-20］. https://www.xiaolincoding.com/os/4_process/process_base.html.

［4］LLNL. POSIX Threads Programming［EB/OL］.［2024-06-20］. https://hpc-tutorials.llnl.gov/posix/.

［5］KERNEL. The Linux Kernel Documentation.［2024-06-20］. https://www.kernel.org/doc/html/latest/.

［6］野火电子. Linux开发实战指南［EB/OL］.［2024-06-20］. https://doc.embedfire.com/linux/imx6/base/zh/latest/index.html.

［7］lianghe_work. 多任务的同步与互斥［EB/OL］.（2015-08-18）［2024-06-20］. https://blog.csdn.net/lianghe_work/article/details/47747413.

［8］lianghe_work. 线程同步与互斥：互斥锁［EB/OL］.（2015-08-18）［2024-06-20］. https://blog.csdn.net/lianghe_work/article/details/47747497.

［9］fulinux. 线程的条件变量实例［EB/OL］.（2014-09-17）［2024-06-20］. https://blog.csdn.net/fulinus/article/details/39342371.

［10］lianghe_work. 线程同步与互斥：读写锁［EB/OL］.（2015-08-19）［2024-06-20］. https://blog.csdn.net/lianghe_work/article/details/47775637.

［11］Jessica程序猿. Linux下多线程编程［EB/OL］.［2024-06-20］. https://www.cnblogs.com/wuchanming/p/4411908.html.

［12］聚优致成. UNIX再学习：线程同步［EB/OL］.（2017-05-12）［2024-06-20］. https://blog.csdn.net/qq_29350001/article/details/71709326.

［13］lianghe_work. 线程同步与互斥：POSIX无名信号量［EB/OL］.（2015-08-19）［2024-06-20］. https://blog.csdn.net/lianghe_work/article/details/47775741.

［14］穿越清华. 多线程的实现和使用场景［EB/OL］.［2024-07-02］. https://blog.csdn.net/qq_15127715/article/details/117755340.

［15］TechArtisan6. 多线程：多线程优缺点、应用场景［EB/OL］.［2024-07-02］. https://blog.csdn.net/zaishuiyifangxym/article/details/89415155.

［16］SupAor. 大数据导论：四 大数据的存储［EB/OL］.［2024-07-02］. https://blog.csdn.net/qq_43374605/article/details/125664631.

［17］钱昱潼. 大数据存储方式有哪些［EB/OL］.［2024-07-02］. https://zhuanlan.zhihu.com/p/635442922.

［18］进阶的疯狗 der. 数据库原理及其应用［EB/OL］.［2024-07-02］. https://blog.csdn.net/qq_41765777/article/details/138389032.

［19］Darreni. MySQL、MongoDB、列数据库的区别及应用场景［EB/OL］.［2024-07-02］. https://blog.csdn.net/weixin_43966635/article/details/111304608.

［20］界忆. 常见数据库分类介绍及其适用场景［EB/OL］.［2024-07-02］. https://blog.csdn.net/lyfwwb/article/details/137131798.

［21］芥末辣眼睛.《MongoDB 实战》读书笔记［EB/OL］.（2021-12-06）［2024-06-20］. https://blog.csdn.net/qq_33275348/article/details/121753148.

［22］**星光*. 什么是高并发［EB/OL］.（2022-04-16）［2024-06-20］. https://blog.csdn.net/weixin_42322206/article/details/103439047.

［23］一碗姜汤. 什么是高并发系统［EB/OL］.（2023-12-30）［2024-06-20］. https://blog.csdn.net/weixin_55252589/article/details/135279158.

［24］Java 程序员廖志伟. 高并发设计原则［EB/OL］.（2023-06-26）［2024-06-20］. https://blog.csdn.net/java_wxid/article/details/131364090.

［25］高级互联网专家. 架构设计之道：高并发架构设计［EB/OL］.（2023-06-14）［2024-06-20］. https://baijiahao.baidu.com/s?id=1768135249115936963&wfr=spider&for=pc.

［26］嵌入式大杂烩. 分享嵌入式软件调试方法及几个有用的工具［EB/OL］.（2023-06-06）［2024-06-20］. https://blog.csdn.net/zhengnianli/article/details/124395773.

［27］软件测试老莫. 什么是需求分析, 如何进行需求分析［EB/OL］.（2022-12-21）［2024-06-20］. https://blog.csdn.net/MXB_1220/article/details/127893251.

［28］海吃鱼. Git 与 SVN 的初步使用［EB/OL］.（2017-08-20）［2024-06-20］. https://www.jianshu.com/p/a5174282e519.

［29］清微清微. 功能测试：测试理论［EB/OL］.（2023-06-27）［2024-06-20］. https://blog.csdn.net/m0_71986704/article/details/130059749.